数据结构与计算思维分析

SHUJU JIEGOU YU JISUAN SIWEI FENXI

王敏 著

中国商业出版社

图书在版编目（ＣＩＰ）数据

数据结构与计算思维分析 / 王敏著 . — 北京：中国商业出版社 , 2019.6

ISBN 978-7-5208-0716-6

Ⅰ . ①数 … Ⅱ . ①王 … Ⅲ . ①数据结构－高等学校－教材②算法分析－高等学校－教材 Ⅳ . ① TP311.12 ② TP301.6

中国版本图书馆 CIP 数据核字 (2019) 第 052736 号

责任编辑：王　彦

中国商业出版社出版发行

010-63180647　www.c-cbook.com

（100053 北京广安门内报国寺 1 号）

新华书店经销

北京虎彩文化传播有限公司印刷

＊　＊　＊　＊　＊

710毫米 × 1000毫米　16 开　15 印张　300 千字

2019 年 6 月第 1 版　2019 年 6 月第 1 次印刷

定价：68.00 元

＊　　＊　　＊　　＊

（如有印装质量问题可更换）

前言 preface

　　计算思维 (Computational Thinking) 是人类求解问题的一条途径，是运用计算机科学的基础概念去求解问题、设计系统和理解人类的行为。"计算思维"这一概念是在 2006 年 3 月，由美国卡内基·梅隆大学计算机科学系主任周以真 (Jeannette M. Wing) 教授在美国计算机权威期刊 *Communications of the ACM* 杂志上首次给出。

　　正如周以真教授在 *Computational Thinking* 一文中提到的那样，计算思维是利用启发式推理来寻求解答，是在时间和空间之间，在处理能力和存储容量之间的权衡。本书在分析数据结构的概念基础上，尝试运用计算思维分析方法，对各逻辑结构的部分关联问题给出问题的求解过程，并对设计的求解算法及其优化在时间和空间等方面进行评价。

　　全书内容按照问题空间数据对象的逻辑结构划分为五章。第 1 章介绍数据结构知识框架，作为后续章节的铺垫；第 2~5 章，分别介绍线性结构、扩展线性结构、树结构和图结构。每章内容运用计算思维分析方法从抽象分析到具体分解，并基于特定的抽象数据类型，详细介绍各逻辑结构相关联的基本算法的分析与设计。为了避免同大部分参考教材内容雷同，本书仅给出部分关联算法的优化分析与设计。

　　本书的编撰，是基于作者多年从事数据结构与算法设计类计算机专业基础课程的教学研究，经历了教学实践中的摸索尝试和经验积累，对教学内容设计引入计算思维分析方法所做的教学内容改革性尝试。该尝试力求在教学设计和教学分析方法等方面培养学生的计算思维分析能力，从而达到培养学生独立思考解决问题的能力的最终目的。本书稿的形成是作者对这种改革尝试的一次总结。希望借助本书的出版，能够对数据结构与算法设计类计算机专业基础课程的教学设计提供一些有价值的参考，也为高校本科教育中计算思维教学模式的研究起到抛砖引玉的作用。

　　由于作者水平有限，书中的错误在所难免，在此也恳请读者在阅读过程中不吝赐教，以帮助作者在今后的研究中加以纠正改进。

　　本书的编撰也得到渭南师范学院网络安全与信息化学院计算机科学与技术专业团队教师们的帮助与支持，中国商业出版社对本书的出版及编排做了大量必要的修改和校对工作，在此一并对他们表示诚挚的感谢！

王敏
于渭南师范学院
2018 年 9 月

目　录

第 1 章　数据结构知识框架

　　自计算机的应用由科学计算扩展到控制、管理及数据处理等非数值计算处理领域，对大量数据的有效处理，就离不开研究数据的内在组织与结构。

1.1 数据结构简介

数据结构是一门研究数据的组织结构、数据之间关系以及相关操作，以便确定如何合理地组织数据、建立合适的数据结构、提高计算机程序的时间效率和空间效率的学科。

用计算机解决一个具体问题时，大致需要经过这样几个步骤：首先要从具体问题抽象出一个适当的数学模型，然后设计一个解此数学模型的算法，最后编出程序并进行调试，直到问题解决。寻求数学模型的实质是分析问题，从中提取操作对象，然后用数学语言描述它们之间的关系。为待解决问题抽象出适当的数学模型，其核心是为其建立合适的数据结构，即确定问题空间中数据的逻辑结构，也即数据元素之间的相互关系（大致分为线性结构、树结构和图（网）结构）。通常用抽象数据类型(Abstract Data Type, 简称 ADT) 来形式化描述数据结构，以表示数据对象的值集、对象集合中数据元素之间的关系以及定义在该值集上的一组操作。

要利用计算机实现数据结构的相关操作，需要分析确定数据的逻辑结构在计算机存储设备中的映象，即逻辑结构的具体存储实现（物理结构)，主要分顺序存储和非顺序存储两种方式。

数据结构和算法是计算机科学中的重要基础学科，它们是一个不可分割的整体。算法的设计取决于数据选定的逻辑结构，而算法的实现依赖于采用的存储结构。对于一个给定的问题，初始数据如何组织，在计算机中如何存储，如何选择与设计适用的算法，都至关重要。对于某个特定问题的求解，需要对该问题进行分析，把数据结构与算法有机地结合起来。算法必须采用与之相适应的数据结构，才能有效地计算所求解的问题。

1.2 算法评价

一个问题可以用多种算法来解决，一个好的算法在能够保证正确性、可读性和健壮性之外，还应考虑如何提高算法的效率。算法的高效性是指用尽可能短的执行时间占用尽可能少的存储空间来完成任务的能力，这两个指标通常分别用时间复杂度和空间复杂度来加以衡量。

1.2.1 时间复杂度 (Time Complexity)

时间复杂度是一个算法运行时间的相对度量。算法的运行时间是指算法在计算机上从开始运行到结束所花费的时间。由于算法最终要分解成一定数量的基本操作来具体执行，每个算法的运行时间都对应基本操作的执行时间之和，大致等于计算机执行某种基本操作 (如赋值、比较、转向、返回、输入和输出等) 所需的时间与算法中该基本操作执行次数的乘积。由于执行一种基本操作所需的时间通常由机器本身软硬件环境决定，与算法无关，所以时间复杂度只讨论影响运行时间的另一个因素 —— 算法执行基本操作的次数，即语句频度。显然，在一个算法中，完成基本操作的所有语句的频度之和越小，其运行时间也就相对越短，所以，通常把算法中包含基本操作的所有语句的频度之和称为算法的时间复杂度，并借此衡量算法的运行时间性能。

由于每条语句的执行时间不同，相互之间并不具有严格的可比性，程序中所有语句频度之和也不能确切反映运行时间，因而用精确的程序语句频度来比较两个程序的运行时间其可参考性有限。由此，可以采用算法的相对时间复杂度来加以衡量，从而使评价相对简单化。通常，只要大致计算出频度最大的关键语句的语句频度的数量级 (Order)，即算法的渐进时间复杂度 (简称时间复杂度) 即可，而能够作为关键语句的则一般是循环体内关键语句或递归调用语句。

为了从数学上准确描述这种数量级关系，取单词 order 的首字母 "o"，并引入 "大 O" 表示法 (区别于高阶无穷小的 "小 o" 运算) 来表示。设问题的规模为 n，算法的时间复杂度就是 n 的一个函数，通常记为 T (n)。若 f(n) 为关键语句的语句频度函数，则算法的时间代价的数量级可表示为 O (f(n))，则有：T(n)=O(f(n))。通常时间复杂度以基本语句的语句频度函数的最高阶作为衡量依据，其含义为随着 n 的增大，算法的时间复杂度同算法的时间代价的增长率具有相同的数量级关系，表明了该算法的执行时间随着问题规模 n 的增大的一种变化趋势。

时间复杂度是衡量该算法的时间效率的一种重要依据，时间复杂度越高，算法的时间效率就越差。不同数量级的时间复杂度形状如图 1.1 所示。

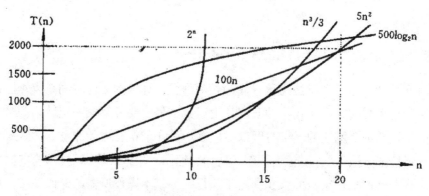

图 1.1　各种数量级的时间复杂度对比

1.2.2　空间复杂度 (Space Complexity)

一个算法在计算机存储器上所占用的存储空间主要由三部分组成：算法程序所占空间、算法的输入输出数据所占空间以及算法在运行过程中临时占用的存储空间。算法程序所占用的存储空间与算法描述语句的数量相关，可通过缩短算法描述语句等途径来降低存储空间的占用率；算法的输入输出数据所占用的存储空间取决于待解决问题的对外关联性，通常由调用函数的参数或函数的返回值传递，和算法本身无关；算法在运行过程中临时占用的存储空间因算法的设计与实现方法的不同而异。因此，空间复杂度是对一个算法在运行过程中临时占用存储空间大小的量度。

大多数情况下，算法的空间复杂度同样与待解决问题的规模密切相关。设问题的规模为 n, 算法的空间复杂度通常记为 S(n), 算法在运行过程中临时占用的存储空间是问题规模的函数，用 f(n) 表示，类似时间复杂度的衡量分析，空间复杂度也可以采用大 O 表示法描述，则有：S(n)=O(f(n))。

通常，算法的时间复杂度和空间复杂度会相互制约，时间复杂度的降低往往以占用更多的存储空间为代价，而空间复杂度的降低又往往意味着算法需要耗费更多的执行时间，评价一个算法的优劣常常需要在两者之间进行权衡。计算机硬件环境的不断改善对存储空间的限制逐渐降低，对算法的空间复杂度的要求也逐步降低，因而在存储空间能够满足的情况下，算法主要以时间复杂度作为评价标准。

本书后续章节将以问题空间数据对象的逻辑结构为划分依据，将内容分别围绕线性结构、扩展线性结构、树结构和图结构展开分析。

第 2 章　线性结构

　　数据对象的值集由相同类型的数据元素组成，数据元素通常是一个包含若干数据项的数据记录。线性结构的元素构成线性表，其特点是数据元素之间是一对一的关系，即在数据对象集合中，除首元素无前驱、尾元素无后继之外，其余元素均有唯一的前驱和唯一的后继。

2.1　线性表

线性表逻辑结构的抽象数据类型三元组 ADT LinearList = (D, R, P) 通常定义如下：

ADT LinearList {

　　数据对象：$D = \{ a_i | a_i \in D_0, i=1,2,\cdots,n, n \geqslant 0, D_0$ 为某一数据类型 $\}$

　　数据关系：$R = \{ \langle a_i,a_{i+1} \rangle | a_i,a_{i+1} \in D_0, i=1, 2, \cdots, n-1 \}$

　　P 集合中的基本操作：

　　　InitiateList(&L)

　　　　操作前提：存在未初始化的结构体变量 L。

　　　　操作结果：将 L 初始化为空表。

　　　ListLength(L)

　　　　操作前提：线性表 L 已存在。

　　　　操作结果：返回线性表的表长。

　　　ListEmpty (L)

　　　　操作前提：线性表 L 已存在。

　　　　操作结果：L 为空时返回逻辑真 TRUE，否则返回逻辑假 FALSE。

　　　ClearList(&L)

　　　　操作前提：线性表 L 已存在。

　　　　操作结果：将 L 清空。

　　　GetElement(L, i,&e)

　　　　操作前提：线性表 L 已存在，$1 \leqslant i \leqslant$ ListLength(L)。

　　　　操作结果：若位置 i 合理，则通过 e 返回 L 中 i 处的元素值。

　　　LocateElement(L, e)

　　　　操作前提：线性表 L 已存在，且给定数据元素 e。

　　　　操作结果：在 L 中定位 e 的首次出现位置，成功则返回其位置，否则返回 0。

　　　PriorElement(L, e,&pe)

　　　　操作前提：线性表 L 已存在，且给定数据元素 e。

操作结果：若 e 是 L 中的元素，且不是第一个，则由 pe 返回 e 的前驱，否则操作失败，pe 无定义。

NextElement(L, e,&ne)

操作前提：线性表 L 已存在，且给定数据元素 e。

操作结果：若 e 是 L 中的元素，且不是最后一个，则由 ne 返回 e 的后继，否则操作失败，ne 无定义。

ListInsert(&L, i, e)

操作前提：线性表 L 已存在，1 ≤ i ≤ ListLength(L) +1。

操作结果：在 L 中第 i 个位置之前插入元素 e，L 的长度增 1。

ListDelete(&L, i,&e)

操作前提：线性表 L 已存在，1 ≤ i ≤ ListLength(L)。

操作结果：删除 L 中第 i 个数据元素，且其值由 e 返回，L 的长度减 1。

FreeList(&L)

操作前提：线性表 L 已存在。

操作结果：释放 L 所占空间。

} ADT LinearList

当基本操作结果对实参有影响时，比如 InitiateList、ClearList、ListInsert 以及 ListDelete 和 FreeList 算法的参数 L（线性表），在操作执行前后有改变，则算法函数对该参数的定义需要采用地址传递方式；同样，GetElement 和 ListDelete 算法中的参数 e、PriorElement 算法中的 pe 以及 NextElement 算法中的 ne，均借助地址传递的形参带回操作对实参的修改。上述抽象数据类型的基本操作中地址传递的参数均以取地址形式表示。

对抽象数据类型定义中各基本操作的实现要求加以分析，可见 InitiateList 以及 ListLength、ListEmpty、ClearList、FreeList 等操作功能相对更为基础、单一；而其余操作则可借助这些基础操作完成某些功能部分的操作步骤。比如 ListLength 操作可以被 GetElement、ListInsert 或 ListDelete 等操作调用，以便判断指定位置的合理性；而 GetElement 或 LocateElement 操作也可被 ListInsert 或 ListDelete 等操作调用，以实现其中的定位功能。

实践中更多复杂的算法都可以通过组合调用这些基本操作算法来实现，因而基本操作的实现细节需要加以详细分析。

2.2　线性表基本操作的实现

基本操作的具体实现依赖于数据对象所采用的存储结构，不同存储结构对应的具体实现语句不同。线性表可采用的存储结构主要有顺序存储结构和链式存储结构。下面将给出各基本操作算法采用几种不同存储结构的详细分析和具体实现的 C 语言描述。在各基本操作算法的 C 语言描述中，函数的地址传递形参均以指针形式定义。

2.2.1　顺序表实现

顺序表实现即采用顺序存储结构，表中各记录元素存储在地址连续的一维向量空间中。顺序表类型定义的 C 语言描述如下：

```
typedef    struct{
        ElemType    elem[MAX+1];// 存放顺序表元素的一维向量
        int    last;        // 表尾元素所在下标
} SqList;
```

采用上述顺序表定义类型实现算法做以下两点约定：

一是由于顺序表存储结构采用 C 语言的数组实现，而 C 语言数组下标从 0 开始，为了符合表述习惯（即第 1 个元素存放在编号为 1 的位置），在具体实现时，将顺序表的数组成员 elem 中的 0 下标单元闲置（或在某些算法中用于存放岗哨），而将表中各元素依次存放在从 elem[1] 开始的对应单元中，从而使元素所在下标位置同其在表中所处的序号相一致。

二是为了定义和调用相统一，同时简化 C 语言算法实现的描述语句，除了 GetElement 和 ListDelete 操作其算法函数中的参数 e、PriorElement 操作的算法函数中的 pe 以及 NextElement 操作的算法函数中的 ne 等指针形参外，将 ADT 定义中各基本操作对应的算法函数中的顺序表参数 L 均以指针形参方式定义。

1. InitiateList 操作

该操作的前提是存在已定义的 SqList 类型结构体变量 L，且 L 的空间已分配，但成员变量 last 为不确定值。

操作的结果是将 L 初始化为 SqList 类型的空线性表（以下称顺序表），因此算法函数的核心语句是将 L 的成员变量 last 置为空值（对应闲置的 0 下标）。

初始化之后的顺序表可通过参数传递，则算法函数无须返回值。其 C 语言描述如下：

```
void   InitiateList_SQ (SqList  *L){
        L->last = 0;
}//End_InitiateList_SQ
```

2. ListLength 操作

该操作返回顺序表 L 的长度，可通过 L 的尾元素下标求得，因此算法的核心语句是将 L 的成员变量 last 的值由函数返回，则算法函数返回整型值。

算法的 C 语言描述如下：

```
int   ListLength_SQ (SqList *L){
        return   L->last;
}//End_ListLength_SQ
```

3. ListEmpty 操作

该操作判断顺序表 L 是否为空，因此算法的核心语句是判断 L 的成员变量 last 是否为空值（空值应同初始化的值一致），是，返回 TRUE，否则返回 FALSE，则算法函数返回逻辑值（采用 C99 标准的类型定义）。

算法的 C 语言描述如下：

```
_Bool   ListEmpty_SQ (SqList  *L){
        return   L->last ==0? TRUE : FALSE;
}//End_ListEmpty_SQ
```

4. ClearList 操作

顺序表清空操作类似初始化操作，操作结果均得到一个空的顺序表。二者的不同之处在于：初始化操作执行之前 SqList 类型的结构体变量 L 的 last 成员初值不确定；而清空操作的初始条件 L 为前期已定义且可能非空的顺序表，即 last 为确定值。由于顺序表 L 的 elem 成员空间预置，因此算法的核心语句是将 L 的成员变量 last 置空。

算法函数通过参数地址传递，无须返回值。其 C 语言描述如下：

```
void   ClearList_SQ (SqList  *L){
        L->last = 0;
}//End_ClearList_SQ
```

5. GetElement 操作

该操作是将顺序表 L 中指定位置 i 的元素取出并由参数 e 保存。

算法需要考虑以下几个关键问题：

(1)函数的返回值：由于指定的位置可能超出顺序表范围，因此算法的操作结果存在成功或失败两种可能。考虑算法的通用性，函数应返回一个表示取元素成功或失败的逻辑值。

(2)算法的关键操作步骤：

    ① 判断指定位置 i 的合理性，i 的有效范围为 $1 \leqslant i \leqslant$ ListLength(L)。若 i 超界则操作失败返回 FALSE。

    ② 取出 i 位置的记录元素并保存至指针形参 e，操作成功返回 TRUE。

算法的 C 语言描述如下：

```
_Bool  GetElement_SQ (SqList  *L, int  i, ElemType  *e){
    if(i<1 || i>ListLength_SQ(L)){   // 指定位置超界
        printf("%d out of range!\n", i);
        return  FALSE;
    }//End_if
    *e = L->elem[i];      // 形参 e 保留所取元素
    return  TRUE;
}//End_GetElement_SQ
```

函数运行返回 FALSE 时失败，e 中的值无意义。

6. LocateElement 操作

该操作是在顺序表 L 中定位已知元素 e。

算法的核心操作是将元素 e 同顺序表中的记录元素逐一比较。可采用自后向前的循环方向，定位成功时函数的返回值即元素 e 在顺序表中的下标；若直到顺序表表头都没找到值为 e 的元素，则定位失败返回值为 0。因此，算法函数返回整型值。

算法的 C 语言描述如下：

```
int  LocateElement_SQ (SqList  *L, ElemType  e){
    int  i = L->last;
    // 从表尾开始向表头方向循环，在顺序表内定位元素 e
    while(i>0&&L->elem[i]!=e)    i--;
    return  i;
```

}//End_LocateElement_SQ

主调函数可根据该算法函数的返回值是否为 0 来确定定位成功与否。

7. PriorElement 操作

该操作是将顺序表 L 中指定数据元素 e 的前驱元素取出并由参数 pe 保存。

算法需要考虑的关键问题如下：

（1）函数的返回值：算法首先判断给定的元素 e 是否存在于顺序表中？若存在，是否非表中第一元素？当两个条件中任何一个不满足时，e 的前驱结点不存在，则操作无法执行。因此算法的操作结果存在成功或失败两种可能。考虑算法的通用性，函数应返回一个表示取元素成功或失败的逻辑值。

（2）算法的关键操作步骤：

① 判断元素 e 是否存在于顺序表中且非表中第一元素。可通过执行 操作 LocateElement 实现对 e 的定位，当 LocateElement_SQ 函数调用返回为 0 时，定位失败返回 FALSE 。

② 定位成功时，e 的前驱结点为与之相邻的前一个序号位置元素分量。取出前驱元素值并保存到指针形参 pe 中，操作成功返回 TRUE 。

算法的 C 语言描述如下：

```
_Bool   PriorElement_SQ (SqList   *L, ElemType   e, ElemType   *pe){
    int i = LocateElement_SQ(L,e);          //初始化 i 为 e 的序号
    if(!i || L->elem[1]==e){
        // 在顺序表范围内不存在元素 e 或 e 非第一元素时
        printf("Unable to get the prior element!\n");
        return   FALSE;
    }//End_if
    *pe = L->elem[i-1];          //e 的前驱保存到 pe 中
    return   TRUE;
}//End_PriorElement_SQ
```

函数运行返回 FALSE 时失败，pe 中的值无意义。

8. NextElement 操作

该操作是将顺序表 L 中指定数据元素 e 的后继元素取出并由参数 ne 保存。算法需要考虑的关键问题如下：

（1）函数的返回值：和 PriorElement_SQ 算法分析一样，算法操作存在失败可能，

故函数返回一个表示取后继元素成功或失败的逻辑值。

　(2) 算法的关键操作步骤：

　　① 判断元素 e 是否存在于顺序表中且非表尾元素，可通过执行 LocateElement
　　操作实现对 e 的定位，当 LocateElement_SQ 函数调用返回为 0 时，定位失败
　　返回 FALSE。

　　② 定位成功时，e 的后继结点为与之相邻的后一个序号位置元素分量。取
　　出 e 的后继结点元素值并保存到指针形参 ne 中，操作成功返回 TRUE。

算法的 C 语言描述如下：

```
_Bool   NextElement_SQ(SqList  *L, ElemType  e, ElemType  *ne){
    int i = LocateElement_SQ(L,e);        // 初始化 i 为 e 的序号
    if(!i || L->elem[L->last]==e){
        // 在顺序表范围内不存在元素 e 或 e 为表尾元素时
        printf("Unable to get the next element!\n");
        return    FALSE;
    }//End_if
    *ne = L->elem[i+1];        //e 的后继保存到 ne 中
    return    TRUE;
}//End_NextElement_SQ
```

函数运行返回 FALSE 时失败，ne 中的值无意义。

9. ListInsert 操作

该操作是在顺序表 L 中指定位置 i 处插入元素 e。

算法需要考虑以下几个关键问题：

(1) 函数的返回值：当顺序表空间已满或指定的位置超出有效范围时，插入操作
无法执行，可见插入算法的操作结果存在成功或失败两种可能，则函数应返回一个
逻辑值，插入成功返回 TRUE，否则返回 FALSE。

(2) 算法的关键操作步骤：

　　① 算法采用顺序存储结构实现，存储空间预置且大小固定，因此首先需要
　　确定顺序表空间是否已满，是，则失败返回 FALSE。

　　② 需要对指定位置 i 是否超出顺序表的范围进行判断，i 的合理范围为
　　$1 \leqslant i \leqslant ListLength(L)+1$，超界则失败返回 FALSE。

　　③ 空间未满且插入位置有效时，还要考虑向存储空间地址连续的记录元素
　　中插入一个新的元素，需要将包括指定位置及其后继的其余元素顺次后

移，则算法的核心操作是自后向前循环后移元素。

④ 待元素后移空出 i 位置后，在该位插入元素 e 并修改表长增 1。

算法的 C 语言描述如下：

```
_Bool   ListInsert_SQ(SqList   *L, int   i, ElemType   e){
    if(L->last==MAX) {   // 顺序表空间满
        printf("Space overflow!\n");
        return FALSE;
    }//End_if
    if( i<1 || i> ListLength_SQ(L) +1){
        printf("%d out of range!\n",i);
        return   FALSE;
    }//End_if
    for(int   j=L->last; j>=i; j--)      // 从表尾向前至 i，元素顺次后移
        L->elem[j+1] = L->elem[j];
    L->elem[i] = e;      // 在指定位置插入元素 e
    L->last++;      // 表长增 1
    return   TRUE;
}//End_ListInsert_SQ
```

10. ListDelete 操作

该操作的最基本要求是在顺序表 L 中删除指定位置 i 处的元素并由参数 e 保存。算法需要考虑的几个关键问题如下：

(1)函数的返回值：当指定的位置超出顺序表范围时，删除操作无法执行，可见删除操作的算法同插入算法一样，通过函数返回的逻辑值判断操作成功与否，删除成功返回 TRUE，否则返回 FALSE。

(2)算法的关键操作步骤：

① 首先判断指定位置 i 的有效性，i 的合理范围为：$1 \leqslant i \leqslant$ ListLength(L)，超界则删除失败返回 FALSE。

② 指定的删除位置 i 有效时，被删除的元素如果需要保留其值，可通过指针形参 e 的地址传递方式将元素值保存到实参的对应单元。

③ 算法采用顺序存储结构实现，则在存储空间地址连续的记录元素中删除一个元素，需要将其后继其余元素顺次前移，因而算法的核心操作是循环前移位置 i 之后的其余元素。

④ 修改表长减 1，删除成功返回 TRUE。

算法的 C 语言描述如下：

```
_Bool   ListDelete_SQ (SqList   *L, int   i, ElemType   *e){
    if( i<1 || i> ListLength_SQ(L)){
        printf("%d out of range!\n", i);
        return   FALSE;
    }//End_if
    *e = L->elem[i];        // 保存被删除元素
    // 从位置 i 开始向后循环，顺次前移各后继元素
    for(int   j=i; j< L->last; j--)
        L->elem[j] = L->elem[j+1];
    L->last--;          // 表长减 1
    return   TRUE;
}//End_ListDelete_SQ
```

11. FreeList 操作

顺序表所占空间是在编译阶段分配的，在程序运行期间其空间不被释放，因而回收顺序表的操作过程和操作结果同清空顺序表一样，具体算法实现参见前述顺序表清空操作 ClearList，此处不再赘述。

2.2.2 （循环）单链表实现

线性表采用链式存储结构实现时，不要求元素存储的结点空间地址连续，各元素结点间的逻辑顺序通过结点的指针链接关系体现。链式存储结构包括动态链式存储结构和静态链式存储结构，单链表是线性表的一种动态链式存储结构。单链表中的结点结构如图 2.1 所示。

数据域	指针域
data	next

图 2.1　单链表的结点结构

单链表结点类型定义的 C 语言描述如下：

```
typedef   struct   node{
    ElemType   data;        // 存放记录元素值的成员
    struct   node *next;   // 指向后继结点起始地址的指针成员
```

} Node, *LinkList;

该结构体类型定义了两个名称: Node 方便定义结点变量, 而 LinkList; 方便定义链表头指针。以下描述中称采用 LinkList 类型定义的线性表为单链表。

算法具体实现时, 采用带附加头结点 (以下简称头结点) 的单链表存储结构。额外付出一个头结点空间的优点主要体现在三个方面: 一是为了符合表述习惯, 第一个有效记录结点的顺序在头结点之后, 思路同顺序存储结构的 "0 下标空置" 相一致; 二是采用含头结点的单链表存储结构实现时, 在线性表各基本操作的结果中, 除了 InitiateList 和 FreeList 操作仍然对单链表头指针有影响, 需要地址传递的函数参数外, ClearList、ListInsert 和 ListDelete 操作均因为头结点的存在而不会导致在算法中修改链表头指针的指向, 因而除了 InitiateList 和 FreeList 操作的算法外, 其余操作的对应算法函数的链表参数在定义和调用时无须采用地址传递, 则参数的表达形式相对简单; 三是对含头结点的链表进行某些相关操作 (如插入、删除等) 时, 在表头位置的操作可以和表中其余位置的操作统一处理, 从而简化了算法实现语句。

另外, 单链表存储结构还可以将表尾结点的后继指针指向头结点, 构成循环单链表。循环单链表通常以尾指针给定, 这样存储的优点是某些需要定位表尾的操作不必经历从头指针开始的循环定位过程, 而定位表头却可以通过表尾结点的 next 域实现。为确保算法的通用性, 采用哪种存储方式都应保证各基本操作的一致性。也就是说, 如果采用循环单链表存储方式, 则所有的基本操作都是基于循环单链表结构, 同时, 给定的链表指针也应是尾指针。

下面给出单链表存储结构下各基本操作的具体实现 (相应的循环单链表语句实现附注释部分)。

1. InitiateList 操作

该操作的前提是存在已定义的 LinkList 类型结构体指针变量 L, 且 L 的指向不确定。操作的结果是将 L 初始化为指向只包含头结点的空单链表的头指针 (如图 2.2 (a) 所示), 因此算法函数的核心语句是将 L 指向一个新申请的头结点空间, 然后修改头结点的后继指针指向空地址 (采用循环单链表存储结构时头结点后继指针应指向头结点自身, 如图 2.2 (b) 所示)。

由于初始化操作对函数的单链表参数 L 的指向有影响, 故形参 L 定义为指向指针的指针, 而算法函数无须返回值。

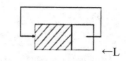

(a) 带头结点的空单链表   (b) 带头结点的空循环单链表

图 2.2　带头结点的空单链表和空的循环单链表

算法的 C 语言描述如下：

```
void    InitiateList_LL (LinkList   *L){
    *L = (LinkList) malloc(sizeof (Node));        // 申请单链表头结点的空间
    if(!(*L)){   // 头结点空间申请失败
        printf("Space overflow!\n");
        return;
    }//End_if
    (*L)->next = NULL;        // 采用循环单链表结构时将 NULL 改为 *L;
}//End_InitiateList_LL
```

LinkList 本身为指针类型，算法中 L 的定义类型为指向指针的指针 (二级指针)。

2. ListLength 操作

该操作返回单链表 L 的长度。

由于单链表通过头指针方式给定 (循环单链表以尾指针给定)，则算法的核心语句是对 L 所指向的单链表中的结点个数进行统计，结果由函数值带回，可见，算法函数返回整型值。

算法的 C 语言描述如下：

```
int    ListLength_LL (LinkList   L){
    Node   *p = L;   // 指针变量 p 指向链表中各结点，初始指向头结点
                     // 采用循环单链表时，L 指向尾结点，则 p 的初值设置为 L->next
    int    count = 0;        // 计数变量 count 初值为 0
    while( p -> next)   // 采用循环单链表时，条件改为：p -> next != L
                     // 从头结点开始向后循环，在链表长度范围内计数
        p = p -> next;
        count++;
    }//End_while
    return   count;    // 返回链表中结点的统计结果
}//End_ListLength_LL
```

算法中指针变量 p 的初值从指向头结点开始，计数变量 count 从 0 开始，则二者相对应且链表为空时函数返回 0。

3. ListEmpty 操作

该操作判断单链表 L 是否为空，因此算法的核心语句是判断头结点的后继是否为空值 (值为 NULL, 或循环单链表时头结点的后继指向自身)，是返回 TRUE，否则返回 FALSE，从而算法函数返回逻辑值。

算法的 C 语言描述如下：

```
_Bool   ListEmpty_LL (LinkList   L){
    return   L->next ==NULL? TRUE : FALSE;
}//End_ListEmpty_LL
```

采用循环单链表时，将 NULL 改为 L。

4. ClearList 操作

清空单链表操作的结果是将单链表还原到初始化状态。

清空操作和初始化操作的不同之处在于两种操作的原始条件不同。初始化操作执行之前单链表还没建立且头指针 L 指向未确定；而清空则是针对一个已经存在的可能非空的单链表进行操作。

和顺序表所占空间在编译阶段预置不同，单链表中各结点的空间是在运行阶段创建单链表的过程中分配的，则清空操作需要考虑各结点空间的回收，即清空后仅保留头结点，而将表中其余各结点空间逐一释放。因此，算法的核心语句是通过循环操作将单链表 L 中头结点的所有后继结点删除并释放其空间。

该算法函数完成相关删除操作即可，无须返回值。其 C 语言描述如下：

```
void   ClearList_LL (LinkList   L){
    Node *p = L->next ;        //指针变量 p 初始指向链表中第一个结点
    while( p){     //采用循环单链表时，条件改为: p != L
        //表中存在待释放结点
        L->next = p->next;
        free(p);       // 删除头结点的后继结点并释放其所占空间
        p = L->next;        // 指针 p 指向下一个待回收结点
    }//End_while
}//End_ClearList_LL
```

采用循环单链表实现时，L 为尾指针，L->next 指向头结点。清空操作回收结点空间后，单链表中仅剩下头结点，故操作结果尾指针将指向头结点（需要借助参数的地址传递）。因而算法函数的语句实现需要较多部分修改，另给出其 C 语言描述如下：

```
void   ClearList_CLL (LinkList   *L){
    (*L) =(*L)->next;        // 尾指针改为指向头结点
    Node *p =(*L)->next ;    // 指针变量 p 初始指向链表中第一个结点
    while( p!=(*L)){         // 表中存在待释放结点
        // 删除头结点的后继结点并释放其所占空间
        (*L)->next = p->next;
        free(p);
        p =(*L)->next;   //p 后移，指向后继结点
    }//End_while
}//End_ClearList_CLL
```

5. GetElement 操作

该操作是将单链表 L 中指定序号 i 的元素取出并由参数 e 保存。算法需要考虑以下几个关键问题：

（1）函数的返回值：不同于顺序表的取元素操作，链表取元素操作可以返回所取结点的地址，这样，如果指定的序号超出链表长度范围，则取元素操作失败，返回空地址，因此算法函数的返回值可设置为指针。考虑该算法实现和前述顺序表的取元素操作的一致性，函数仍返回一个表示取元素成功或失败的逻辑值，而将所取元素通过函数的指针形参 e 带回。

（2）算法的关键操作步骤：

① 由于单链表的长度需要循环计数，如果借助调用求长度算法来判断指定序号 i 的合理性，则定位指定序号的结点地址还需要通过一个循环实现，从而算法的冗余操作较多，因此选择利用一遍循环实现计数与定位同步。

② 若计数过程中定位成功，则取出对应结点的记录元素并保存至指针形参 e 中，然后成功返回 TRUE；反之，若直到链表表尾都未定位成功，则失败返回 FALSE。

算法的 C 语言描述如下：

```
_Bool   GetElement_LL (LinkList   L, int   i, ElemType   *e){
    Node   *p = L->next;        // 指针变量 p 从单链表中第一个结点开始
                               // 采用循环单链表时，L->next 改为 L->next->next
```

```
    int    count = 1;    // 计数变量 count 用于定位 i，初值与 p 所指结点对应
    // 从前向后循环，在链表范围内计数定位
    while( count<i && p){    // 采用循环单链表时，条件 p 改为 p != L
        p = p -> next;
        count++;
    }//End_while
    if(!p){          // 采用循环单链表时，条件改为 p == L
        printf("%d out of range!\n", i);
        return    FALSE;
    }//End_if
    *e = p->data;          //p 所指结点的记录元素值保存到参数 e
    return    TRUE;
}//End_GetElement_LL
```

同样，函数运行返回 FALSE 时失败，e 中的值无意义。

6. LocateElement 操作

该操作是在单链表 L 中定位已知元素 e 在表中的序号。

和顺序表不同，单链表以头指针方式给定（循环单链表给定尾指针），定位方向只能从头结点开始自前向后进行。算法的核心操作是循环将元素 e 和单链表中的各结点元素逐一比较，找到相同元素值的结点时，匹配成功，可返回该结点的起始地址；若直到表尾都没找到匹配结点，则定位失败返回空地址。考虑该操作算法采用单链表实现与采用顺序表实现的一致性，函数仍返回序号值，则算法需在定位的同时进行计数并返回该计数值。因此，本操作实现的算法函数值仍为整型值。

算法的 C 语言描述如下：

```
int    LocateElement_LL (LinkList  L, ElemType  e){
    Node *p = L->next;       // 变量 p 从单链表中第一个结点开始
                             // 采用循环单链表时，L->next 改为 L->next->next
    int    count = 1;        // 计数变量 count 初值与 p 所指结点相对应
    // 从前向后循环，在链表长度范围内计数定位元素 e
    while(p && p->data != e){  // 采用循环单链表时，条件 p 改为 p != L
        p=p->next;
        count++;
    }//End_if
```

```
if(!p)      // 采用循环单链表时，条件改为 p == L
    return   0;  // 匹配失败返回
else
    return   count;
}//End_LocateElement_LL
```

和顺序表一样，主调函数可根据该算法函数的返回值是否为 0 来确定定位成功与否。

7. PriorElement 操作

该操作是将单链表 L 中指定数据元素 e 的前驱元素取出并由参数 pe 保存。算法需要考虑的关键问题如下：

（1）函数的返回值：同顺序表一样，函数的返回值应为反映取前驱元素成功与否的逻辑值。

（2）算法的关键操作步骤：

①判断元素 e 是否存在于单链表中且非表中第一元素。该步骤的操作实现不同于顺序表存储结构，由于执行 LocateElement 操作实现对 e 的定位后，函数返回值为元素 e 在链表中所处的序号，而对于单链表存储结构来说，已知结点的序号还需要重新计数定位结点的地址，因而本算法不宜借助 LocateElement 操作实现定位。另外，在单链表中循环定位时，需要实时跟踪每个结点的前驱结点的位置，这样一旦定位成功，才能快速找到 e 结点的前驱结点并返回。若循环直到链表表尾都未找到元素 e，则定位失败返回 FALSE。

②定位成功时，取出 e 的前驱结点元素值并保存到指针形参 pe 中，操作成功返回 TRUE。

算法的 C 语言描述如下：

```
_Bool   PriorElement_LL (LinkList   L, ElemType   e, ElemType   *pe){
Node   *p = L->next;      // 变量 p 的初值指向单链表中第一个结点
                    // 采用循环单链表时，p 赋值 L->next 改为 L->next->next
// 从前向后循环，在链表范围内定位元素 e 结点
while(p->next && p->next->data != e)
             // 循环单链表实现时，条件 p->next 改为 p->next != L
    p=p->next;
if(!p->next){// 循环单链表时，条件改为 p->next == L
```

```
            // 在单链表中定位结点 e 失败
            printf("Unable to get the prior element!\n");
            return    FALSE;
        }//End_if
    *pe = p->data;          //e 的前驱保存到 pe 中
    return    TRUE;
}//End_PriorElement_LL
```
函数运行返回 FALSE 时失败，pe 中的值无意义。

8. NextElement 操作

该操作是将单链表 L 中指定数据元素 e 的后继元素取出并由参数 ne 保存。算法需要考虑的关键问题如下：

（1）函数的返回值：和 PriorElement_LL 算法分析一样，算法函数返回一个表示取后继元素成功或失败的逻辑值。

（2）算法的关键操作步骤：

①同 PriorElement_LL 算法分析一样，判断元素 e 是否存在于单链表中且非表尾元素的操作实现不同于顺序表存储结构，不宜借助 LocateElement 操作实现定位。另外，在单链表中寻找某个结点的后继结点可直接通过结点的 next 指针找到，操作易于实现，循环定位时只要保证结点还存在后继结点即可。若循环直到链表表尾都未找到元素 e，则定位失败返回 FALSE。

②定位成功时，取出 e 的 next 指针所指结点的元素值并保存到指针形参 ne 中，操作成功返回 TRUE。

算法的 C 语言描述如下：

```
_Bool   NextElement_LL (LinkList   L, ElemType   e, ElemType   *ne){
    Node *p = L->next;          // 变量 p 的初值指向单链表中第一个结点
                                // 采用循环单链表时，L->next 改为 L->next->next
    // 在链表范围内从前向后循环
    while(p->next && p->data != e)   // 循环单链表将条件 p->next 改为 p->next != L
        p=p->next;
    if(!p->next){       / 循环单链表时，条件改为 p->next == L
        // 无后继，定位失败
        printf("Unable to get the next element!\n");
```

```
        return    FALSE;
    }//End_if
    *ne = p->next->data;       //e 的后继保存到 ne 中
    return    TRUE;
}//End_NextElement_LL
```
函数运行返回 FALSE 时失败，ne 中的值无意义。

9. ListInsert 操作

该操作是在单链表 L 中第 i 个结点前插入元素 e。算法需要考虑的关键问题如下：

(1) 函数的返回值：序号 i 可能超出单链表的长度范围或者申请新结点空间失败（所申请的空间地址为 NULL）而导致插入操作无法执行，则类似顺序表的插入操作，单链表插入函数同样返回一个逻辑值，插入成功返回 TRUE，否则返回 FALSE。

(2) 算法的关键操作步骤：

① 单链表以头指针给定（循环单链表给定尾指针），首先需要循环计数定位序号 i-1 的结点（单链表中任意结点的后继均通过结点的 next 指针域指向，则插入一个结点时，需要修改其前驱结点的 next 指针），若定位失败则返回 FALSE。

② 申请新结点的空间，置其 data 域为 e，并设置新结点的 next 指针指向第 i 个结点。

③ 修改第 i-1 结点的 next 指针指向新结点后，插入成功返回 TRUE。

在单链表中插入结点操作如图 2.3 所示。

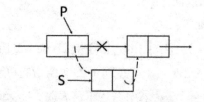

图 2.3　单链表中插入结点 s 的操作示意图

算法的 C 语言描述如下：

```
_Bool   ListInsert_LL (LinkList   L, int   i, ElemType   e){
    Node *p = L;       // 指针 p 从指向头结点开始
                       // 采用循环单链表时，L 改为 L->next
    int    count = 0;        // 计数变量 count 初值为 0，同 p 所指结点一致
```

// 从头结点开始向表尾方向，在链表长度范围内计数定位 i-1 结点

```
while(count<i-1 && p->next){      // 循环单链表时 p->next 改为 p->next!=L
    p = p->next;
    count++;
}//End_while
if (count<i-1){      // 定位失败
    printf("%d out of range!\n", i);
    return    FALSE;
}//End_if
Node *s = (LinkList) malloc(sizeof (Node));      // 申请新结点的空间
if(!s)    return FALSE;      // 结点空间申请失败返回
// 设置新结点的值域和指针域
s->data = e;
s->next = p->next;
// 修改前驱结点的 next 指针指向新结点
p->next = s;
return    TRUE;
}//End_ListInsert_LL
```

10. ListDelete 操作

该操作的最基本要求是在单链表 L 中删除第 i 个元素结点并将被删除元素保存至参数 e 中。

算法需要考虑的几个关键问题如下：

(1) 函数的返回值：当指定的位置超出单链表范围时，删除操作无法执行，则删除操作的算法函数返回逻辑值，删除成功返回 TRUE，否则返回 FALSE。

(2) 算法的关键操作步骤：

① 首先需要从单链表的头结点开始循环计数定位序号 i-1 的结点 (与插入操作同理，删除一个结点时，需要修改其前驱结点的 next 指针)，若定位失败则返回 FALSE。

② 通过指针形参 e 保存待删除结点的值。

③ 修改第 i-1 个结点的 next 指针指向第 i 个结点的后继。

④ 释放第 i 个结点的空间，删除成功返回 TRUE。

在单链表中删除一个结点的操作如图 2.4 所示。

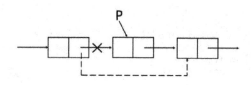

图 2.4　删除单链表中结点 p 的操作示意图

算法的 C 语言描述如下：

```
_Bool   ListDelete_LL (LinkList   L, int   i, ElemType   *e){
    Node *p = L;   // 指针 p 指向头结点，采用循环单链表时 L 改为 L->next
    int   count=0;      // 计数变量 count 初值从 0 开始，同 p 所指结点相一致
    // 从头结点开始向表尾方向，在链表范围内计数定位 i-1 结点
    while(count<i-1 && p->next){// 循环单链表时 p->next 改为 p->next != L
        p = p->next;
        count++;
    }//End_while
    if (count < i-1){   // 定位失败
        printf("%d out of range!\n", i);
        return   FALSE;
    }//End_if
    Node   *s = p->next;   // 定义指针变量 s 初始指向 i 结点
    *e = s ->data;         // 保存待删除结点的元素值
    p->next = s ->next;    // 修改 i-1 结点的后继指针指向 i 结点的后继
    free(s);       // 删除并释放 i 结点的空间
    return   TRUE;
}//End_ListDelete_LL
```

11. FreeList 操作

回收单链表操作是对已存在的单链表，将其所占空间包括头结点在内全部释放。包括头结点在内的结点空间被释放后，头指针的指向发生改变，单链表将不存在。

单链表的回收操作和清空操作相似，不同之处在于清空操作的结果还保留头结点，而回收操作连头结点空间也被释放，从而算法的核心语句是循环删除并释放单链表 L 中头结点的后继结点，然后删除并释放头结点所占空间。

回收单链表操作会修改 L 的指向，因此 L 应定义为地址传递的参数。由于单链表头指针本身即为指针变量 (LinkList 类型)，则此时应定义为指向指针的指针参数。

算法函数无须返回值，其 C 语言描述如下：

```
void   FreeList_LL (LinkList   *L){
    Node *p =(*L)->next ;      //指针变量 p 初始指向链表中第一个结点
                //采用循环单链表实现时，L 为尾指针，p 的初值改为 (*L)->next->next
    while(p){      //采用循环单链表时，条件改为 p != *L
        //表中存在待回收结点时，删除头结点的后继并释放其所占空间
        (*L)->next = p->next;
        free(p);
        p =(*L)->next;      //p 指向下一个待回收结点
    }//End_while
    free(*L);      //释放头结点所占空间
} End_FreeList_LL
```

2.2.3　循环双链表实现

通常根据表中结点的指针域个数将链表分为单链表和双链表。双链表同样是线性表的一种动态链式存储结构。单链表中的结点结构只包含指向后继结点的指针域，因而在单链表中定位的方向只能单向从前向后进行，对于某些需要定位指定结点前驱的操作，如果没有在循环定位中逐步跟踪各结点的前驱结点，则找到指定结点后还需要重新从头开始循环定位该结点的前驱结点，为算法的实现带来不便。双链表的每个结点同时包括指向前驱和后继结点的两个指针，引入这种存储结构的目的很明显，定位的方向既可以从前向后又可以从后向前，即通过额外设置的指针域能够方便同时定位某个结点的前驱和后继结点。双链表结点结构如图 2.5 所示。

前驱指针	数据域	后继指针
prior	data	next

图 2.5　双链表的结点结构

双链表结点类型定义的 C 语言描述如下：

```
typedef   struct   node{
    ElemType   data;        //存放记录元素值的成员
    struct   node *prior,*next;      // 指向前驱和后继结点地址的指针成员
} DNode,*DLinkList;
```

类似单链表，DNode 类型便于定义双链表的结点变量，而 DLinkList 类型便于定义双链表头指针。

采用双链表实现线性表的基本操作时，为了算法的 C 语言描述方便，仍然沿用带头结点的链表存储结构。

由于双链表结点结构同时包含指向前驱结点和指向后继结点的指针，为了便于某些操作需要快速定位表尾或表头，通常采用将表尾结点的 next 指针指向头结点，而头结点的 prior 指针指向表尾结点的循环双链表结构。循环双链表和普通单链表一样，用头指针方式给定双链表。下面给出循环双链表存储结构下各基本操作的具体实现。

1. InitiateList 操作

该操作的前提是存在已定义的 DLinkList 类型结构体指针变量 L，且 L 的指向不确定。操作的结果是将 L 初始化为指向只包含头结点的空双链表的头指针。类似采用单链表存储结构实现的算法，该函数的核心语句也是申请一个头结点的空间并由指针 L 指向；不同之处在于，所申请的头结点类型不同，且需要同时初始化两个指针域（头结点的前驱指针和后继指针）均指向头结点自身。

和单链表存储结构实现同理，由于指针变量 L 在操作前后指向发生改变，函数的双链表参数 L 也采用地址传递，则算法函数无须返回值。

算法的 C 语言描述如下：

```
void   InitiateList_DL (DLinkList   *L){
       *L = (DLinkList) malloc(sizeof (DNode));   // 申请双链表头结点的空间
       if(!(*L)) {            // 头结点空间申请失败
               printf("Space overflow!\n");
               return;
       }//End_if
       (*L)-> prior =(*L)-> next = *L;       // 头结点的前驱和后继均指向其自身
}//End_InitiateList_DL
```

2. ListLength 操作

该操作返回双链表 L 的长度。

同采用单链表存储结构一样，双链表头指针 L 指向头结点，算法的核心操作仍然是从头结点开始直到表尾，统计双链表 L 中的结点个数，且计数结果由函数值带回。因此，算法函数的返回值也为整型值。

需要注意的是：双链表存储结构下的算法实现，在循环的判定条件方面同循环单链表存储结构相同，区别仅仅在于存储结构的类型不同。

算法的 C 语言描述如下：

```
int    ListLength_DL (DLinkList   L) {
    DNode  *p = L;          // 指针变量 p 初始指向双链表的头结点
    int    count = 0;       // 计数变量 count 初值为 0，同 p 所指结点相对应
    // 从头结点开始向表尾方向，在双链表范围内计数
    while( p -> next != L) {
        p = p -> next;
        count++;
    }//End_while
    return    count;        // 返回表尾结点的计数值，空链表返回 0
}//End_ListLength_DL
```

3. ListEmpty 操作

该操作判断双链表 L 是否为空。类似循环单链表存储结构的具体实现（不同之处在于链表指针 L 所指结点不同且存储结构类型不同），本算法的核心语句同样是判断头结点的后继是否指向头结点自身，是，返回 TRUE，否则返回 FALSE，算法函数的返回值为逻辑值。

算法的 C 语言描述如下：

```
_Bool    ListEmpty_DL (DLinkList   L){
    return L->next == L? TRUE : FALSE;
}//End_ListEmpty_DL
```

4. ClearList 操作

清空双链表操作的结果是将双链表还原到初始化状态。

正如单链表清空操作所分析的那样，采用双链表存储结构实现清空操作，算法的核心语句同样是将一个已经存在的可能非空的双链表中，除头结点以外的其余结点从前向后逐一删除并释放其所占的存储空间。

算法函数的语句实现类似循环单链表，同样完成相关删除操作即可，函数无须返回值。其 C 语言描述如下：

```
void    ClearList_DL (DLinkList   L) {
    DNode *p = L->next ;        // 指针 p 初始指向双链表中第一个结点
    // 从头结点的后继开始，循环删除结点并释放其所占空间
    while( p != L){            // 表中存在待回收结点
```

```
            L->next = p->next;
            free(p);
            p = L->next;          //p 指向下一个待回收结点
        }//End_while
    }//End_ClearList_DL
```

5. GetElement 操作

该操作的结果是取出双链表 L 中指定序号 i 的元素值并由参数 e 保存。同采用单链表存储结构的分析类似，算法需要考虑以下几个关键问题：

（1）函数的返回值：当指定的序号 i 超出链表长度范围时取元素失败，函数返回 FALSE，否则取元素成功返回 TRUE。可见，算法函数返回逻辑值。

（2）算法的关键操作步骤：

　　① 借助循环从头结点开始直到表尾结点，计数并定位序号为 i 的结点。

　　② 若计数过程中定位成功，则取出对应结点的记录元素并保存至指针形参 e 中，成功返回 TRUE；若直到链表表尾都未定位成功，则失败返回 FALSE。

算法的 C 语言描述如下：

```
_Bool   GetElement_DL (DLinkList  L, int   i, ElemType  *e){
    DNode *p = L-> next;       // 指针变量 p 初始指向双链表中第一个结点
    int   count = 1;             // 计数变量 count 初值与 p 所指结点对应
    // 从前向后在链表长度范围内计数定位 i 结点
    while( count<i && p != L){
        p = p -> next;
        count++;
    }//End_while
    if(p == L){      // 定位失败
        printf("%d out of range!\n", i);
        return   FALSE;
    }//End_if
    *e = p->data;         //p 所指结点的记录元素值保存到参数 e
    return   TRUE;
}//End_GetElement_DL
```

同样，函数运行返回 FALSE 时失败，e 中的值无意义。

6. LocateElement 操作

该操作是在双链表 L 中定位已知元素 e 在表中的序号。

双链表存储结构类似给定头指针的循环单链表存储结构，本算法实现的核心操作是循环从头结点开始直到表尾结点，将元素 e 同双链表中的各结点元素值逐一比较，匹配成功，则返回该结点在表中的序号；若直到表尾都没找到匹配结点，则定位失败返回 0。算法函数的返回值类型同样为整型。

同循环单链表的操作实现类似，算法在定位的同时进行计数并最终返回该计数值，其 C 语言描述如下：

```
int    LocateElement_DL (DLinkList    L, ElemType    e){
    DNode *p = L->next;        // 指针变量 p 初始指向双链表中第一个结点
    int    count = 1;                  // 计数变量 count 初值与 p 所指结点相对应
    // 从前向后循环，在链表长度范围内计数定位元素 e
    while(p != L && p->data!= e){
        p = p->next;
        count++;
    }//End_while
    if(p == L)
        return    0;        // 匹配失败返回
    else
        return    count;
}//End_LocateElement_DL
```

同样，主调函数可根据该算法函数的返回值是否为 0 来确定定位成功与否。

7. PriorElement 操作

该操作是将双链表 L 中指定数据元素 e 的前驱元素取出并由参数 pe 保存。算法需要考虑的关键问题如下：

(1) 函数的返回值：为保证算法的通用性，函数的返回值仍为反映取前驱元素成功与否的逻辑值。

(2) 算法的关键操作步骤：

① 在双链表中判断元素 e 的存在与否和在单链表中的操作过程类似，需要循环从前向后将元素 e 同双链表中各结点的元素值逐一比较。不同之处在于：在单链表中当定位成功 e 结点时，为了能够方便快速找到其前驱

结点,在循环定位过程中需要实时跟踪每个当前结点的前驱结点的位置;而双链表中寻找某个结点的前驱结点可以直接通过结点的 prior 指针实现,从而在双链表中的循环定位无须实时记录结点的前驱位置。若循环直到双链表表尾都未找到元素 e,则定位失败返回 FALSE。

② 定位成功时,通过 e 结点的 prior 指针取出 e 的前驱结点元素值并保存到指针形参 pe 中,操作成功返回 TRUE。

算法的 C 语言描述如下:

```
_Bool   PriorElement_DL (DLinkList  *L, ElemType  e, ElemType  *pe){
    Node   *p = L->next->next;  // 变量 p 的初值指向双链表中第二个结点
    // 从前向后循环,在链表长度范围内定位元素 e 结点
    while(p != L && p->data != e)
        p=p->next;
    if(p == L){            // 在双链表中定位失败
        printf("Unable to get the prior element!\n");
        return   FALSE;
    }//End_if
    *pe = p->prior->data;         //e 的前驱保存到 pe 中
    return   TRUE;
}//End_PriorElement_DL
```

函数运行返回 FALSE 时失败,pe 中的值无意义。

8. NextElement 操作

该操作是将双链表 L 中指定数据元素 e 的后继元素取出并由参数 ne 保存。算法需要考虑的关键问题如下:

(1)函数的返回值:和 PriorElement_DL 算法一样,函数返回一个表示取后继元素成功或失败的逻辑值。

(2)算法的关键操作步骤:

① 同 PriorElement 操作的算法分析一样,在双链表中定位 e 结点和在单链表中操作相同,取后继结点的操作只需确保循环定位时的结点还存在后继结点即可。若循环直到双链表表尾都未找到元素 e,则定位失败返回 FALSE。

② 定位成功时,取出 e 的 next 指针所指结点的元素值并保存到指针形参 ne 中,操作成功返回 TRUE。

算法的 C 语言描述如下：

```
_Bool   NextElement_DL (DLinkList  *L, ElemType   e, ElemType   *ne){
    Node   *p = L->next;          // 变量 p 的初值指向单链表中第一个结点
    // 从前向后循环，在双链表内定位元素结点 e
    while(p->next != L && p->data != e)
        p=p->next;
    if(p->next == L){          // 无后继，操作失败
        printf("Unable to get the next element!\n");
    return   FALSE;
    }//End_if
    *ne = p->next->data;        //e 的后继保存到 ne 中
    return   TRUE;
}//End_NextElement_DL
```

函数运行返回 FALSE 时失败，ne 中的值无意义。

9. ListInsert 操作

该操作是在双链表 L 中第 i 个结点前插入元素 e。算法需要考虑的关键问题如下：

(1) 同采用单链表存储结构的分析类似，函数返回一个逻辑值：当指定序号 i 不合理或申请结点空间失败时，插入操作无法执行，返回 FALSE。

(2) 算法的关键操作步骤：

① 同单链表相比，双链表的结点结构中多了一个指向前驱结点的指针成员 prior，因而在指定位置 i 之前插入一个结点且修改其前驱结点 next 指针的操作，可以直接通过 i 结点的 prior 指针定位到前驱结点后完成相应指针的修改，而不必像单链表那样必须跟踪定位该结点的前驱结点。

② 同循环单链表类似，循环计数定位的方向也是从头结点开始直到表尾结点，定位序号为 i 的结点，若定位失败则返回 FALSE。

③ 申请新结点的空间，置其 data 域为 e。

④ 由于双链表结点结构包含两个指针域，则插入操作需要同时修改包括新结点的指针域在内的四个指针：首先设置新结点的 next 指针指向第 i 个结点，其 prior 指针指向第 i 个结点的 prior 指针所指结点（即第 i-1 个结点），然后修改第 i-1 个结点的 next 指针和第 i 个结点的 prior 指针指向新结点。

⑤ 插入成功返回 TRUE。

在双链表中插入一个结点的操作如图 2.6 所示。

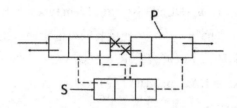

图 2.6　在双链表中 p 结点前插入结点 s 的示意图

算法的 C 语言描述如下：

```
_Bool   ListInsert_DL (DLinkList   L, int   i, ElemType   e){
    DNode *p = L->next;          //指针 p 初始指向双链表中第一个结点
    int    count = 1;            //计数变量 count 初值同 p 所指结点相对应
    //从前向后循环，在链表长度范围内计数定位 i 结点
    while(count<i && p != L){
        p = p->next;
        count++;
    }//End_while
    if (count<i){          //i 定位失败
        printf("%d out of range!\n", i);
        return   FALSE;
    }//End_if
    DNode   *s = (DLinkList) malloc(sizeof (Node));   //申请新结点的空间
    if(!s)      //结点空间申请失败
        return   FALSE;
    //新结点赋值
    s->data = e; s->next = p; s->prior = p->prior;
    //修改 p 的前驱结点的 next 指针和 p 结点的前驱指针指向新结点
    p->prior->next = s; p->prior = s;
    return   TRUE;
}//End_ListInsert_DL
```

10. ListDelete 操作

该操作的最基本要求是在双链表 L 中删除第 i 个结点元素并由参数 e 保存。算法需要考虑的几个关键问题如下：

(1)类似单链表的操作实现分析，该算法函数返回逻辑值：当指定的位置 i 超出链表长度范围时，删除操作无法执行，函数返回 FALSE。

(2)算法的关键操作步骤：

① 与插入操作同理，在双链表中删除一个结点时，可从双链表的头结点之后开始循环计数，直接定位序号为 i 的结点。

② 定位成功时，通过指针形参 e 保存待删除结点的值。

③ 修改第 i-1 个结点的 next 指针指向序号为 i+1 的结点，同时还要修改第 i+1 个结点的 prior 指针指向序号为 i-1 的结点。

④ 释放第 i 个结点的空间，删除成功返回 TRUE。

在双链表中删除一个结点的操作如图 2.7 所示。

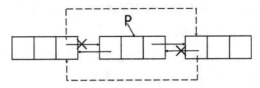

图 2.7 删除双链表中结点 p 的示意图

算法的 C 语言描述如下：

```c
_Bool   ListDelete_DL (DLinkList   L, int   i, ElemType   *e){
    DNode *p = L->next;        //指针变量 p 初始指向双链表的头结点
    int    count = 1;          //计数变量 count 初值同 p 所指结点相对应
    //从前向后循环，在链表长度范围内计数定位 i 结点
    while(count<i && p != L){
        p = p->next;
        count++;
    }//End_while
    if( count<i ){
        printf("%d out of range!\n", i);
        return   FALSE;
    }//End_if
    *e = p ->data;             //保存待删除结点的元素值
    p->prior->next = p ->next; //修改 i-1 结点的 next 指针指向 i+1 结点
    p->next->prior = p ->prior;   //修改 i+1 结点的 prior 指针指向 i-1 结点
    free(p);               //删除 i 结点并释放其所占空间
    return   TRUE;
```

}//End_ListDelete_DL

11.FreeList 操作

回收双链表操作是对已存在的双链表，将其所占空间包括头结点在内全部释放。当全部结点空间被释放后，头指针的指向发生改变，双链表将不存在。

类似单链表存储结构，双链表的回收操作算法的核心语句也是逐一删除头结点的全部后继结点，并释放其所占空间，最后删除并释放头结点所占空间。

该算法函数同采用单链表存储结构一样，完成相关删除操作后，会修改 L 的指向，因此 L 应定义为地址传递的参数。对于 DLinkList 类型的双链表头指针来说，即定义为指向指针的指针参数。

算法函数无须返回值，其 C 语言描述如下：

```
void   FreeList_DL (DLinkList   *L){
    DNode *p =(*L)->next ;// 指针变量 p 初始指向链表中第一个结点
    while( p !=(*L)){// 表中存在待回收结点
        (*L)->next = p->next;
        free(p);// 循环删除头结点的后继结点并释放其所占空间
        p =(*L)->next;//p 后移，指向下一个待回收结点
    }//End_while
    free(*L);// 释放头结点所占空间
}//End_FreeList_DL
```

2.2.4 静态链表实现

单链表和双链表均使用指针类型实现，链表中结点空间的分配和回收借助系统提供的标准函数 malloc 和 free 动态实现，称为动态链表。对于某些不支持"指针"数据类型的高级程序设计语言（如 FORTRAN、BASIC 等），可以借助顺序存储结构来描述链表，模拟动态链表的结构和指针操作实现以及结点空间的分配与回收过程。将这种借助数组实现线性链表的存储结构区别于指针型动态链表，称为静态链表。

静态链表存储结构需要预先分配一个较大的一维数组空间，数组中的下标分量分别存放各元素结点。静态链表中每个元素结点结构如图 2.8 所示。

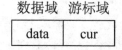

图 2.8 静态链表的结点结构

其中，结点的数据域 data 用于存放记录元素值，整型游标域 cur 用于代替单链表结点的指针，指示其后继元素结点在数组中的下标位置。由于存放在地址连续的向量空间中的各元素结点间的逻辑关系通过 cur 域指示，其链接方式类似单链表，则在进行线性表的插入和删除操作时，无须再移动元素，而只需要修改指示游标即可。

静态单链表向量空间的结点类型可用 C 语言描述如下：

```
typedef    struct{
    ElemType    data;
    int    cur;
} Node;// 这里仍然沿用单链表结点结构的类型名称。
```

为静态链表分配的向量存储空间为 Node 类型的一维数组。沿用顺序表的实现思路，在采用 C 语言实现的一维数组空间中，将 0 下标单元闲置，用作静态链表的表头（这一思路类似带头结点的单链表存储结构）。表头结点的 cur 成员，用于指示链表中第一个元素结点的存放位置，表尾结点的 cur 成员置 0（类似循环单链表中表尾结点的指针指向头结点）。图 2.9 给出了一个静态链表存储空间的示例。

0		1
1	ZHAO	2
2	QIAN	3
3	SUN	4
4	LI	0
5		
…	…	…
MAX		

图 2.9　静态链表存储空间示例

实现静态链表存储结构的相关算法时，为了避免在经过多次插入和删除操作后导致静态链表空间的"假溢出"（即向量中仍然存在空闲空间，但却无法执行插入操作）现象，通常在算法实现中需要及时对已删除元素所占的空间进行释放回收。

常用的解决这一问题的方法是将静态链表的向量空间分成"已分配链表"和"空闲链表"两部分。进行插入操作时，先后执行两个操作步骤：首先从空闲链表表头删除结点分量，然后将其插入已分配链表中；进行删除操作时，同样先后执行两个操作步骤：首先在已分配链表中删除结点分量，然后将其插入空闲链表的表头。

由于静态链表中包含"已分配"和"空闲"两个链表，已分配链表的表头固定为 0 下标单元，空闲链表的表头位置则由于频繁进行插入和删除操作而不断改变，需要单独为其设定一个指示变量。包含已分配链表和可用空间链表的静态链表如图 2.10 所示。

0		1
1	ZHAO	2
2	QLAN	3
3	SUN	4
4	LI	0
av		6
6		7
…	…	…
MAX		0

图 2.10　含已分配链表和可用空间链表的静态链表示意图

为了和前述几种存储结构下算法实现的出入接口保持一致，静态链表的类型定义中除了包含表示向量存储空间的结构体数组成员变量外，还包含一个用于指示空闲链表表头位置的成员变量 av。其类型定义的 C 语言描述如下：

```
typedef   struct{
    Node   ListSpace[MAX+1];        // 静态链表结点的向量空间
    int   av;        // 静态链表中的空闲链表表头位置
} SLinkList;
```

基于 SLinkList 类型定义的静态链表在算法实现时，需要考虑的因素参照顺序表存储结构：除了 0 下标单元用作已分配链表的头结点之外，为了定义和调用相统一，将各基本算法的 C 语言函数实现中的静态链表参数 L 均定义为地址传递的指针形参，在实现通过算法函数的参数带回修改值的同时，起到简化算法描述语句的目的。

下面给出静态链表存储结构下各基本操作的具体实现。

1. InitiateList 操作

该操作的前提是存在已定义的 SLinkList 类型结构体变量 L，且 L 的成员值不确定。操作的结果是将 L 初始化为两个链表：一个是只包含头结点的空的已分配链表；另一个则是由全部可用空间构成的空闲链表。

静态链表初始化算法需要考虑的几个关键问题如下：

（1）算法函数的返回值：当采用地址传递的指针形参 L 带回初始化操作修改后的成员变量的值时，算法函数和前几种存储结构的描述一样，无须返回值。

（2）初始化操作将静态链表的向量空间划分形成两个独立的单链表，其关键步骤由此分为以下两个操作部分：

      ① 创建并初始化已分配链表。其核心语句为将 0 下标单元的 cur 成员初始化为 0，即置已分配链表头结点的后继为空。

      ② 创建空闲链表。其核心语句为设置空闲链表从静态链表向量空间中的第一个空闲单元分量开始，借助循环将全部空闲单元分量的 cur 成员设置为相邻单元链接，从而创建空闲单链表，并将表尾结点的 cur 成员置为 -1。

算法的 C 语言描述如下：

```
void   InitiateList_SL (SLinkList   *L){
    L->ListSpace[0].cur = 0;        // 初始化已分配链表
    L->av = 1;          // 初始化空闲链表表头指示器
    // 循环创建空闲链表
    for(int   i=1; i<MAX; i++)
        L->ListSpace[i].cur = i+1;
    L->ListSpace[MAX].cur = -1;               // 标记空闲链表表尾
}//End_InitiateList_SL
```

2. ListLength 操作

该操作返回静态链表 L 中已分配链表的长度。

类似动态链表的单链表存储结构，静态链表中已分配链表的头结点位置已知（即 0 下标单元），算法的核心操作仍然是循环从已分配链表的头结点开始到表尾结点，统计已分配链表中的结点个数，且计数结果由函数值带回。因此，算法函数的返回值为整型值。其 C 语言描述如下：

```
int   ListLength_SL (SLinkList   *L){
    int   i = 0;//i 用于定位已分配链表中的各结点，初值为表头结点位置
    int   count = 0;
    //count 统计已分配链表中的结点个数，初值同变量 i 标记结点相对应
    // 从头结点开始向后循环，在链表范围内计数
    while(L->ListSpace[i].cur){
        i = L->ListSpace[i].cur ;
```

```
            count++;
        }//End_while
    return   count;        // 返回结点计数值
}//End_ListLength_SL
```

3. ListEmpty 操作

该操作判断静态链表 L 是否为空。

类似动态链表存储结构，本算法的核心语句是判断头结点的后继是否指示 0 下标单元，是返回 TRUE，否则返回 FALSE，因此算法函数返回逻辑值。

算法的 C 语言描述如下：

```
_Bool   ListEmpty_SL (SLinkList   *L){
    return   L-> ListSpace[0].cur == 0? TRUE : FALSE;
}//End_ListEmpty_SL
```

4. ClearList 操作

清空操作的结果是将静态链表还原到初始化状态。

算法的核心语句是在静态链表的已分配链表中，把除头结点以外的其余结点从前向后逐一删除，并将其所占的单元分量插入空闲链表表头。

算法函数完成相关删除操作即可，无须返回值。其 C 语言描述如下：

```
void   ClearList_SL (SLinkList   *L){
    int   i;
    while(i= L-> ListSpace[0].cur){
        // 已分配链表非空，变量 i 标记已分配链表表头结点的后继
        L->ListSpace[0].cur = L->ListSpace[i].cur;
        // 删除已分配链表中头结点的后继结点分量
        L->ListSpace[i].cur = L->av;
        L->av = i;              // 链接被删除结点到空闲链表表头
    }//End_while
}//End_ClearList_SL
```

5. GetElement 操作

该操作的结果取出静态链表 L 的已分配链表中指定序号 i 的元素并由参数 e 保存。同采用单链表存储结构的分析类似，该算法需要考虑以下几个关键问题：

（1）函数的返回值：算法函数返回逻辑值。当指定的序号 i 超出已分配链表长度范围时取元素失败，返回 FALSE，否则成功返回 TRUE。

（2）算法的关键操作步骤：

    ① 借助循环从头结点开始直到表尾结点，计数定位第 i 个结点的下标位置。

    ② 若计数过程中定位成功，则取出对应结点的记录元素并保存至指针形参 e 中，成功返回 TRUE；反之，若直到已分配链表表尾都未定位成功，则失败返回 FALSE。

算法的 C 语言描述如下：

```c
_Bool   GetElement_SL (SLinkList  *L, int   i, ElemType   *e){
    int   k = L->ListSpace[0].cur;
    // 变量 k 初始指示已分配链表中第一个结点
    int   count = 1;
            //count 用于计数定位第 i 个结点，初值设置和 k 指示结点位置相对应
    // 在已分配表中从前向后循环，计数定位第 i 个结点
    while( count<i &&k){
        k = ListSpace[k].cur;
        count++;
    }//End_while
    if(!k){
        printf("%d out of range!\n", i);
        return   FALSE;
    }//End_if
    *e = L->ListSpace[k].data;          // 将 k 所指示结点元素值保存到参数 e
    return   TRUE;
}//End_GetElement_SL
```

同样，函数运行返回 FALSE 时失败，e 中的值无意义。

6. LocateElement 操作

该操作是在静态链表 L 的已分配链表中定位指定元素 e。

参考前述几类存储结构对该操作返回值的要求，操作结果依然为匹配元素在静态链表的已分配链表中的序号（而非匹配元素所在下标位置），因而算法函数的返回值仍为 int 类型。

类似单链表存储结构，本算法实现的核心操作是在已分配链表中从前向后逐一

将各结点分量的元素值同指定元素 e 进行比较，匹配成功，则返回该结点在已分配表中的计数序号；若直到已分配表的表尾都没找到匹配结点，则定位失败返回 0。

类似单链表的操作实现，该算法在定位的同时进行计数并最终返回计数值，其 C 语言描述如下：

```
int   LocateElement_SL (SLinkList   *L, ElemType   e){
    int    i = L->ListSpace[0].cur;
        //i 指示已分配链表中的结点分量，初值指示已分配链表中第一个结点
    int    count = 1;          // 变量 count 用于计数，初值与 i 所指结点相对应
    // 在已分配链表中从前向后循环，计数并定位元素 e
    while(i && L->ListSpace[i].data!= e){
        i = L->ListSpace[i].cur;
        count++;
    }//End_while
    if(!i)       return   0;        // 元素 e 定位失败
    else         return   count;
}//End_LocateElement_SL
```

同前，主调函数可根据该算法函数的返回值是否为 0 来确定定位成功与否。

7. PriorElement 操作

要将静态链表 L 中指定数据元素 e 的前驱元素取出并保存至参数 pe 中，算法需要考虑的关键问题如下：

(1)函数的返回值：考虑算法通用性，同前述几种存储结构的实现一样，函数的返回值为反映取前驱元素成功与否的逻辑值。

(2)算法的关键操作步骤：

①判断元素 e 是否存在于静态链表的已分配链表中且非表中第一元素。在已分配链表中执行该步骤的操作实现同单链表存储结构类似，在进行循环定位时，需要实时跟踪每个结点的前驱结点分量的位置，这样一旦定位成功，才能快速找到 e 结点的前驱结点。若循环直到静态链表的已分配链表表尾都未找到元素 e，则定位失败返回 FALSE。

②定位成功时，取出 e 的前驱结点元素值并保存到指针形参 pe 中，操作成功返回 TRUE。

算法的 C 语言描述如下：

```
_Bool   PriorElement_SL (SLinkList   *L, ElemType   e, ElemType   *pe){
```

```
int    i = L->ListSpace[0].cur,   j = L->ListSpace[i].cur;
        //i、j 的初值分别指示静态链表的已分配链表中第一、第二结点分量
// 从第二个结点到表尾循环定位结点 e
while(j && L->ListSpace[j].data != e ){
            i = j;
            j = L->ListSpace[i].cur;
}//End_while
if(!j){            // 在已分配链表定位元素 e 失败
        printf("Unable to get the prior element!\n");
        return    FALSE;
}//End_if
*pe = L->ListSpace[i].data ;//e 的前驱元素值保存到指针形参 pe 中
return    TRUE;
}//End_PriorElement_SL
```
函数运行返回 FALSE 时失败，pe 中的值无意义。

8. NextElement 操作

要实现将静态链表 L 中指定数据元素 e 的后继元素取出并保存至形参 ne 中的操作，算法需要考虑的关键问题如下：

（1）函数的返回值：和 PriorElement 操作分析一样，算法函数返回一个表示取后继元素成功或失败的逻辑值。

（2）算法的关键操作步骤：

  ① 同 PriorElement 操作分析一样，判断元素 e 是否存在于静态链表的已分配链表中且非表尾元素的操作实现，同单链表存储结构的实现类似。由于某个结点的后继结点可直接通过该结点分量的游标域 cur 找到，因此在循环定位时只要保证结点还存在后继结点即可。若循环直到静态链表的已分配链表表尾都未找到元素 e，则定位失败返回 FALSE。

  ② 定位成功时，取出 e 的游标域 cur 所指结点分量的元素值并保存到指针形参 ne 中，操作成功返回 TRUE。

算法的 C 语言描述如下：

```
_Bool    NextElement_SL (SLinkList   *L, ElemType   e, ElemType   *ne){
    int    i = L->ListSpace[0].cur;
            // 变量 i 初值指向静态链表已分配链表中的第一个结点
```

```
// 从前向后循环, 在已分配链表中定位元素 e
while(L->ListSpace[i].data != e && L->ListSpace[i].cur)
    i = L->ListSpace[i].cur;
if(!(L->ListSpace[i].cur)){          // 无后继, 操作失败
    printf("Unable to get the next element!\n");
    return    FALSE;
}//End_if
// 指针形参 ne 保存 e 的后继元素值
*ne = L->ListSpace[L->ListSpace[i].cur].data;
return    TRUE;
}//End_NextElement_SL
```

同样, 函数运行返回 FALSE 时失败, ne 中的值无意义。

9. ListInsert 操作

静态链表的插入操作, 是在静态链表 L 的已分配链表中第 i 个结点前插入元素 e。算法需要考虑以下几个关键问题:

(1)同采用单链表存储结构的分析类似, 函数返回一个逻辑值。由于插入操作需要首先将空闲链表表头结点从空闲链表中删除, 并用作新插入结点的空间, 因此, 当空闲链表为空时, 插入操作无法执行; 要将新结点插入已分配链表中序号为 i 的结点之前, 而指定的序号 i 超出已分配链表范围时, 插入操作仍然无法执行, 这两种情况均返回 FALSE。

(2)算法的关键操作步骤:

① 首先, 新结点的空间来自空闲链表的表头。若空闲链表为空 (成员 av 的值为 -1) , 则失败返回 FALSE。

② 同单链表一样, 在已分配链表指定位置 i 之前插入一个结点, 需要修改 i-1 结点的游标域 cur 指向新结点, 因此, 循环计数的方向也是从已分配链表的头结点开始直到表尾结点, 定位序号为 i-1 的结点。若定位失败则返回 FALSE。

③ 删除空闲链表表头结点, 并作为新结点空间。

④ 置新结点的 data 域为待插入元素 e, cur 域为已分配链表中 i-1 结点的 cur 域所指结点位置。

⑤ 修改已分配链表中 i-1 结点的 cur 域指向新结点, 插入成功返回 TRUE。
例如, 在静态链表中 i 所指位置插入一个元素 "ZHANG" 之前和之后的

操作如图 2.11(a)、(b) 所示。

(a) 插入元素前		
0		1
1	ZHAO	2
i→2	QIAN	3
3	SUN	4
4	LI	0
av		6
6		7
…	…	…
MAX		0

(b) 插入元素后		
0		1
1	ZHAO	5
2	QIAN	3
3	SUN	4
4	LI	0
5	ZHANG	2
av		7
…	…	…
MAX		0

图 2.11　在静态链表中 i 位置插入元素"ZHANG"的示意图

算法的 C 语言描述如下:

```
_Bool  ListInsert_SL (SLinkList  *L, int  i, ElemType  e){
    if(L->av == -1){         //空闲链表为空
        printf("Space overflow!\n");
        return  FALSE;
    }//End_if
    int  k = 0;              //k 初值指向已分配链表表头结点
    int  count = 0;          //计数变量 count 的初值同 k 所指结点相一致
    // 在已分配链表范围内从头结点开始向后计数定位第 i-1 个 结点
    while(count < i-1 && L->ListSpace[k].cur){
        k = L->ListSpace[k].cur;
        count++;
    }//End_while
    if (count < i-1)
    {   printf("%d out of range!\n",i);
        return  FALSE;   }
    int  s = L->av;         // 变量 s 指示空闲链表表头待删结点 (新结点空间)
    L->av = L->ListSpace[s].cur;
    // 修改空闲链表表头指示器指向其后继, 将表头分量从空闲链表删除
    L-> ListSpace[s].data = e;           // 新结点值域赋值
```

L-> ListSpace[s].cur = L-> ListSpace[k].cur;　　　// 新结点 cur 域指向 i 结点

L-> ListSpace[k].cur = s;　　　　　// 修改 i-1 结点的游标域 cur 指向新结点

return　　TRUE;

}//End_ListInsert_SL

10. ListDelete 操作

静态链表删除操作的最基本要求，是在静态链表 L 的已分配链表中删除第 i 个结点。算法需要考虑以下几个关键问题：

(1)类似采用单链表存储结构的分析，函数返回一个逻辑值。由于操作删除的是已分配链表中指定序号为 i 的结点分量，所以，当指定的序号 i 超出已分配链表范围时，删除操作无法执行，返回 FALSE。

(2)算法的关键操作步骤：

　① 首先，同单链表一样，删除已分配链表中的第 i 个结点，需要修改 i-1 结点的游标域 cur 指向 i 结点的后继，因此，循环计数的方向也是从已分配链表的头结点开始直到表尾结点，定位序号为 i-1 的结点。若定位失败则返回 FALSE。

　② 通过指针形参 e 保存已分配链表中待删的第 i 个结点的值。

　③ 修改已分配链表中第 i-1 个结点的 cur 域指向第 i 个结点的后继结点位置。

　④ 将被删结点插入空闲链表表头。

　⑤ 返回 TRUE。

例如，删除静态链表中 i 所指位置的结点之前和之后的操作如图 2.12(a)、(b)所示。

0		1		0		2
i→1	ZHAO	2		av	ZHAO	5
2	QIAN	3		2	QIAN	3
3	SUN	4		3	SUN	4
4	LI	0		4	LI	0
av		6		5		6
6		7		6		7
…	…	…		…	…	…
MAX		0		MAX		0

(a) 删除结点前　　　　　　　　(b) 删除结点后

图 2.12　删除静态链表中 i 位置处的结点示意图

算法的 C 语言描述如下：

```
_Bool   ListDelete_SL (SLinkList   *L, int    i, ElemType    *e){
    int    k = 0;   //k 初值指向已分配链表表头结点
    int    count = 0;      // 计数变量 count 的初值同 k 所指结点相统一
    // 在已分配链表范围内从头结点开始向后计数定位第 i-1 个结点
    while(count ‹ i-1 && L->ListSpace[k].cur){
        k = L->ListSpace[k].cur;
        count++;
    }//End_while
    if (count ‹ i-1){
        printf("%d out of range!\n",i);
        return    FALSE;
    }//End_if
    int   s = L->ListSpace[k].cur;       //s 指示已分配链表中待删的 i 结点
    *e = L->ListSpace[s].data;             // 指针形参 e 保存待删结点元素值
    L->ListSpace[k].cur = L-> ListSpace[s].cur;
    // 修改已分配链表第 i-1 个结点的游标域，使其后继改为第 i 个结点的后继
    L->ListSpace[s].cur = L->av;// 修改被删结点 cur 域指向空闲链表表头
    L->av = s;
    // 空闲链表表头改为指向已删除结点从而将该结点插入空闲链表表头
    return    TRUE;
}//End_ListDelete_SL
```

11. FreeList 操作

同顺序表一样，静态链表所占的向量空间也是在编译阶段分配的，且在程序运行期间空间不被释放，因而回收静态链表的操作同清空静态链表的操作无实质上的区别，具体算法实现可参见前述静态链表的清空操作 ClearList，此处不再赘述。

2.2.5　存储结构对比分析

综合对比前面介绍的五种存储结构（包括循环单链表）实现线性表基本操作的算法，可以给出以下总结分析。

（1）对初始化操作 (InitiateList) 来说，采用顺序表或动态链表存储结构实现时，算法的时间复杂度均为常数阶；而采用静态链表存储结构时，由于需要初始创建一

个空闲链表，则算法中需要借助循环建立结点分量间游标域的链接关系，从而算法的时间复杂度取决于循环语句的执行次数，同问题的规模 n 相关，即 T(n) =O(n)，为线性阶。从空间分配角度来看，顺序表所占空间是在编译阶段分配的，整个程序运行期间空间固定不变，初始化时仅仅需要设置标识表尾下标的成员 last 为空表状态即可；而动态链表结构中结点所占空间是在程序运行期间动态分配的，初始化时还需要申请一个附加头结点的空间。从该操作被调用执行的目的来看，其主要是配合实现线性表的其他操作，单独执行该操作没有意义，因此，采用哪种存储结构实现取决于配合执行的操作。

（2）线性表判空操作 (ListEmpty) 采用以上任何一种存储结构实现时，算法的时间复杂度均为常数阶。和初始化操作的意义一样，判空操作通常也是配合实现线性表的某些主要操作，因此，存储结构的选用同样取决于所配合执行的操作。

（3）清空操作 (ClearList) 采用顺序存储结构实现时，可通过直接设置顺序表 L 的 last 成员为初始化时的空值实现，则算法的时间复杂度 T(n) 为常数阶；而采用链表存储结构实现时，由于结点空间在运行期间的动态分配，则需要考虑借助循环对表中结点的空间进行回收，因而算法的时间复杂度取决于循环语句的执行次数，最坏情况下为问题规模 n 的线性函数，即 T(n) =O(n)。另外，采用双链表存储结构执行该操作时，和单链表存储结构下的指针移动方向一样，实际只需要用到 next 指针，而结点的 prior 指针闲置，则结点的空间利用率相比单链表实现要低。从清空操作被执行的目的来看，是在配合完成线性表的某些主要操作过程中，作为一项必备的善后处理，因而采用哪种存储结构实现取决于所配合执行的主要操作。

（4）顺序表的表长可直接通过 last 成员得到，则求表长 (ListLength_SQ) 算法的时间复杂度 T(n) 为常数阶；链表表长需要通过循环统计表中结点个数求得，则算法的时间复杂度取决于循环语句的执行次数，T(n) =O(n)。该操作采用双链表存储结构实现时，和清空操作一样只用 next 指针，prior 指针闲置，结点的空间利用率相比单链表实现要低。实际运用中，求表长操作通常是配合判断某些操作是否满足在线性表的范围以内执行，因而其算法实现的存储结构以配合执行的操作所采用的存储结构方案为主。

（5）顺序存储结构的一个显著优点就是方便进行随机存取，对于取元素操作 (GetElement) 来说，通过顺序表 L 的数组成员 elem 的下标即可直接实现访问，算法的时间复杂度 T(n) 为常数阶；而采用链表存储结构实现时，指定的序号位置需要通过计数定位，则算法的时间复杂度取决于循环计数语句的执行次数，最坏情况下 T(n) =O(n)。另外，该操作采用双链表存储结构实现相比单链表来说，和清空操作 ClearList 以及求表长操作 ListLength 一样，结点的空间利用率低。取线性表中指定位置元素的操作在实践中应用较为频繁，因此实现这类操作首选顺序表存储结构。

（6）按指定元素值定位的操作 LocateElement，无论采用顺序表存储结构还是采用链式存储结构实现，均需要经历一个循环比较过程，因而算法的时间复杂度取决于循环语句的执行次数，最坏情况下 T(n) =O(n)。具体实现时，顺序存储结构的循环体语句在比较过程中仅需要修改下标，相比链式存储结构在循环体中计数的同时让指针或游标进行同步变化的操作简单，语句频度之和也较小。另外，采用双链表存储结构实现该操作也和前述操作一样，相比单链表来说，结点的空间利用率低。实际应用中，在线性表中查找某个给定元素的操作较为常见，结合分析可知，在频繁调用这类操作时，适宜采用顺序表存储结构。

（7）对于在线性表中指定位置插入操作 ListInsert 和删除操作 ListDelete，在采用顺序表实现时，主要操作步骤包括：①由于空间预置固定，需要考虑"空间溢出"(插入时空间满以及空表删除)的情况；②指定位置是否在顺序表的范围以内，可以借助调用求表长操作判断；③元素连续存储(逻辑顺序与物理顺序一致)，需要顺次移动各后继元素；④表长由 last 成员指示，操作完成需要修改 last。其中，第①、②和④步均可通过简单语句实现，第③ 步需要借助循环语句实现，从而这两个算法的时间复杂度取决于循环移位语句的语句频度，最坏情况下 T(n) =O(n)。而采用链式存储结构时，主要操作步骤包括：①判断指定位置的合理性；②"空间溢出"情况处理；③修改相关指针。其中，第①步判断指定位置是否在表长 (可借助调用求表长算法求得) 的范围以内，而无论是求链表表长过程还是定位计数过程，该步骤算法的时间复杂度均为线性阶；第②步主要对应插入时的空间申请失败，通过简单语句即可实现；第③步则是为了确保链表结点逻辑关系的连续性，直接修改一对 (或双链表结点两对) 指针即可。因而链表结构实现这两种算法的时间复杂度取决于第①步的循环语句的语句频度，即 T(n) =O(n)。可见，插入和删除操作采用顺序表结构实现时，会将大量的时间耗费在元素移动上，而采用链表存储结构实现时，时间主要耗费在对指定位置的合理性判断上，由于定位操作比移位操作易于实现，则频繁进行插入和删除操作时，适宜选用链表存储结构实现。另外，单链表和静态链表都需要定位前驱结点，而双链表结构可借助结点的 prior 指针简化实现，但插入和删除需要修改的指针比单链表多了一倍，且增加了 prior 指针后结点存储空间的利用率降低。

（8）回收线性表空间的操作 FreeList 采用顺序表或静态链表实现时，由于空间预置无法在运行期间动态回收，因而和清空操作 ClearList 结果相同；采用链式存储结构时，算法的核心语句是循环删除并释放链表中的所有结点，因此算法的时间复杂度取决于循环语句的语句频度，即 T(n) =O(n)。和清空操作一样，本操作被执行的目的也是在配合完成线性表的其他主要操作过程中，作为一项必备的善后处理，因而存储结构的选用与配合执行的操作所采用的存储结构方案一致。

（9）采用顺序表存储线性表，从所占空间角度分析，表中的元素逻辑顺序与物理顺序一致，所占空间仅用于存储元素本身，则元素的存储空间利用率高且可以实现元素的随机存取。因此，除了插入和删除操作外，其余基本操作的实现，采用顺序表比采用链表无论从时间上考虑还是空间上考虑，都具有明显的优势。

（10）顺序表的插入和删除操作往往由于将时间花费在大量元素的移动上，导致时间效率比较低。另外，顺序表占用连续的存储空间，其存储分配是在编译阶段完成的。如果插入操作超出了预先分配的存储区间，需要临时扩大则非常困难。而采用链表存储结构则可以克服此类不足，对于频繁插入和删除并且存储空间大小不能预先确定的线性表比较适用。缺点是元素结点的逻辑顺序通过结点的 next(双链表还需要一个 prior) 域链接实现，因此每个结点需要额外的指向后继结点（或前驱结点）起始地址的指针域，这也是常见的以空间为代价换取时间复杂度降低的一种有效途径。

线性表的基本操作采用不同存储结构实现各有利弊，实际算法编制过程中可根据需频繁调用的基本操作，确定所采用的具体实现方案。

线性逻辑结构的常见数据结构还有队列和堆栈，下面首先研究一下队列的实现方法。

2.3　队列

队列是一种先进先出 (First In First Out) 的线性表，又称 FIFO 表，被广泛地应用在各种软件系统中。所谓先进先出，其实质是队列的插入和删除操作位置受限制，即只允许在队尾执行插入（进队）操作，队首执行删除（出队）操作。

队列逻辑结构的抽象数据类型三元组 ADT Queue = (D, R, P) 的定义如下：

ADT Queue{

　　数据对象：D = { $a_i | a_i \in D_0$, i=1,2,$\cdots$,n, n $\geqslant$ 0, D_0 为某一数据类型 }

　　数据关系：R = { $\langle a_i, a_{i+1} \rangle | a_i, a_{i+1} \in D_0$, i=1,2,$\cdots$,n-1 }

　　P 集合中的基本操作：

　　InitiateQueue(&Q)

　　　　操作前提：存在未初始化的结构体变量 Q。

　　　　操作结果：构造一个空队列 Q。

QueueEmpty (Q)

　　操作前提：队列 Q 已存在。

　　操作结果：若 Q 为空队列，返回 TRUE，否则返回 FALSE。

QueueLength(Q)

　　操作前提：队列 Q 已存在。

　　操作结果：返回队列中元素的个数，即队列的长度。

ClearQueue(&Q)

　　操作前提：队列 Q 已存在。

　　操作结果：将 Q 清为空队列。

GetHead(Q,&e)

　　操作前提：队列 Q 已存在。

　　操作结果：若队列非空，则由 e 返回 Q 的队首元素。

EnterQueue(&Q, e)

　　操作前提：队列 Q 已存在。

　　操作结果：将元素 e 作为 Q 的新的队尾元素插入。

DeleteQueue(&Q,&e)

　　操作前提：队列 Q 已存在。

　　操作结果：若队列非空，删除 Q 的队首元素并由 e 返回其值。

FreeQueue(&Q)

　　操作前提：队列 Q 已存在。

　　操作结果：释放 Q 所占空间。

} ADT Queue

ADT 定义的基本操作中，以取地址形式表示的参数在执行前后可能发生改变，比如 InitiateQueue、ClearQueue、EnterQueue、DeleteQueue 以及 FreeQueue 等算法中的队列参数 Q，GetHead 和 DeleteQueue 算法中的参数 e，均借助地址传递的形参带回操作对实参的修改。

2.4　队列基本操作的实现

　　队列的逻辑结构属于线性结构，因此队列基本操作的实现可以采用线性表常用的顺序存储结构和链式存储结构。队列数据结构只允许在队尾执行插入（进队列）操作、队首执行删除 (出队列) 操作，因而在存储时需要标记队首和队尾的位置。下面分别对队列各基本操作采用不同存储结构的算法实现进行详细分析。

2.4.1 顺序队列实现

采用顺序存储结构实现的队列称为顺序队列。

1. 顺序队列定义

顺序队列除了用一组地址连续的向量存储单元 (C 语言实现时采用一维数组) 依次存放队列中的记录元素外，还需要同时给定两个分别指示队首和队尾位置的指示变量 front 和 rear。

顺序队列的类型定义可用 C 语言描述如下：

```
typedef struct{
    ElemType   queue[MAX+1];      // MAX 为顺序队列空间的最大值
    int   front, rear;
} SqQueue;
```

其中，queue 成员为队列的向量存储空间，用于存储队列中的各记录元素；front 成员为队首位置指示变量，rear 成员为队尾位置指示变量。同顺序表存储结构分析类似，由于 C 语言数组下标从 0 开始，特将空间最大值设置为 MAX+1，0 下标单元初始化时用作空队列标识单元。

另外，为了定义和调用相统一，简化算法实现的 C 语言描述语句，ADT 定义中各基本操作算法函数中的顺序队列参数 Q 均以指针形参方式定义。

2. front 和 rear 成员所指位置的约定

C 语言的数组下标从 0 开始，为了描述方便，在初始化一个顺序队列时，通常约定将 front 和 rear 成员设置为指向 0 下标单元。

在分析顺序队列基本操作的具体实现时，关于 front 和 rear 成员所指位置的约定，可以有以下几种不同的方案。

(1) 方案一：front 指向队列首元素，rear 指向队尾元素。

按照初始化时的约定，空顺序队列的 front 和 rear 指示器均指向 0 下标单元。当唯一一个元素进队列后，front 和 rear 均指向该元素。显然，空队列时的状态和队列中只含一个元素时的状态相同，这就给判空操作增加了难度：当 front 和 rear 指示器的指向重合时，需要区分队列处于空状态还是存在唯一一个元素的状态。

另外，进队列操作只在队尾进行，除了首元素之外的其他元素进队列时，只需要修改队尾指示器 rear 增 1 指向下一单元即可。采用该方案实现且当第一个元素进队列时，还需要同时修改指示器 front 增 1 指向首元素所在单元。显然，采用这种方案实现时，进队列操作除了需要判断队列空间是否已满外，还要判断队列是否为空，以便对第一个元素进队列的情况进行单独处理。

（2）方案二：front 指向队首元素，rear 指向队尾元素的下一单元。

这种方案被大多数教材选用。

根据初始约定，队列为空时 front 和 rear 均指示 0 下标单元，当执行进队列操作时，将新元素置于队尾指示器 rear 所指单元，然后 rear 改为指示增 1 后的单元；执行出队列操作时，则 front 指示器增 1 指示下一单元。

在这种约定方案中，只有当指示器 front 和 rear 指向相同单元时，队列为空。

（3）方案三：front 指向队首元素的前一位置，rear 指向队尾元素。

同样地，根据初始约定，队列为空时 front 和 rear 均指示 0 下标单元，则当执行进队列操作时，将新元素置于队尾指示器 rear 增 1 后所指单元即可；而执行出队列操作时，也只需修改队头指示器 front 增 1 即可。

在这种约定方案中，同样满足当指示器 front 和 rear 所指单元相同时队列为空。

由于该约定方案同之前介绍的顺序表和带头结点的链表存储思想相吻合，因而更易于理解。本书即将介绍的顺序队列基本操作算法都将基于约定方案三设计实现。

3. 顺序队列基本操作的实现

（1）InitiateQueue 操作

该操作的前提是存在已定义但未初始化的 SqQueue 类型结构体变量 Q，即向量 Q.queue 空间已分配，但成员变量 front 和 rear 值不确定。

操作的结果是将 Q 初始化为空的顺序队列，因此算法函数的核心语句是设置 Q 的成员变量 front 和 rear 为空队列的初值。根据方案三约定，front 指向队首元素的前一位置，rear 指向队尾元素，则初始化空队列时 front 和 rear 均指向 0 下标单元。

由于初始化之后的顺序队列通过参数传递，因此算法函数无须返回值。其 C 语言描述如下：

```
void    InitiateQueue_SQ (SqQueue    *Q){
    Q->front = Q->rear = 0;
}//End_InitiateQueue_SQ
```

（2）QueueEmpty 操作

该操作判断顺序队列 Q 是否为空，因而算法的核心语句是判断 Q 的成员变量 front 和 rear 是否为空值。

根据约定方案三，rear 指向队尾元素，因此顺序队列为空时，rear 的指向应和 front 的指向重合（初始空队列状态 front 和 rear 同时指向 0 下标单元，执行若干次进队出队操作后，当 front 和 rear 再次重合时队列重新为空）。是，返回 TRUE，否则返回 FALSE，则算法函数返回逻辑值。

算法的 C 语言描述如下：

```
_Bool   QueueEmpty_SQ (SqQueue   *Q){
    return   Q->rear == Q->front ? TRUE : FALSE;
}//End_QueueEmpty_SQ
```

（3）QueueLength 操作

该操作算法返回队列 Q 中元素的个数，即队列长度。

顺序队列 Q 中元素的个数，可通过 Q 的首尾指示器的差值求得，因此算法的核心语句是返回 Q 的 rear 成员减去 front 成员的值。

算法函数返回整型值，其 C 语言描述如下：

```
int   QueueLength_SQ (SqQueue   *Q){
    return   Q->rear - Q->front;
}//End_QueueLength_SQ
```

（4）ClearQueue 操作

顺序队列清空操作是使队列 Q 中的元素逐一"被出队"，其操作结果得到一个空队列。不同于顺序队列初始化操作的是，初始化之前 Q 的 front 和 rear 成员指向不确定，初始化操作完成后，二者均指向 0 下标单元；清空操作执行前，Q 的 front 和 rear 成员均有确切的指向，待清空操作完成后，二者重新指向 rear 所指的同一下标单元，但不一定为 0 下标单元。因此，清空操作算法的核心语句是将 Q 的成员变量 front 设置为 rear 所指单元。

顺序队列通过指针参数传递，函数无须返回值。算法的 C 语言描述如下：

```
void   ClearQueue_SQ (SqQueue   *Q){
    Q->front = Q->rear;
}//End_ClearQueue_SQ
```

（5）GetHead 操作

该操作是将顺序队列 Q 的队首元素取出并由参数 e 保存。算法需要考虑以下几个关键问题：

• 函数的返回值：队列为空时不存在队首元素，因此算法函数应返回一个表示取队首元素成功或失败的逻辑值。

• 算法的关键操作步骤：

① 首先可借助判空操作 QueueEmpty 判断顺序队列是否为空，是，则取队首元素操作失败返回 FALSE。

② 队列非空，则根据约定方案三取出 front 指示器所指的下一单元的记录元素并保存至指针形参 e，操作成功返回 TRUE。

算法的 C 语言描述如下：

```
_Bool   GetHead_SQ (SqQueue   *Q, ElemType   *e){
    if (QueueEmpty_SQ(Q)){
        printf("Queue empty!\n");
        return   FALSE;
    }//End_if
    *e = Q->queue[ Q->front +1];            // 队首元素保存至指针形参 e
    return   TRUE;
}//End_GetHead_SQ
```

函数运行返回 FALSE 时失败，e 中的值无意义。

（6）EnterQueue 操作

该操作将元素 e 作为顺序队列 Q 的新的队尾元素插入。

算法需要考虑以下几个关键问题：

• 函数的返回值：当顺序队列插入端空间已达最大值时，插入操作无法执行，则函数应返回一个逻辑值，插入成功返回 TRUE，否则返回 FALSE。

• 算法的关键操作步骤：

① 顺序队列空间预置，且进队列操作只能在队尾进行，当顺序队列插入端指示器 rear 已指向空间最大值时，则无法执行插入操作，返回 FALSE。

② 若空间未满，则按照约定方案三将元素 e 作为新的队尾插入 rear 所指位置之后，并修改 rear 指向新元素所在单元。返回 TRUE。

算法的 C 语言描述如下：

```
_Bool   EnterQueue_SQ (SqQueue   *Q, ElemType   e){
    if(Q->rear==MAX){
        printf("Space overflow!\n");
        return FALSE;
    }//End_if
    Q->queue[++ (Q->rear)] = e;            // 新元素 e 插入队尾
    return   TRUE;
}//End_EnterQueue_SQ
```

（7）DeleteQueue 操作

该操作删除顺序队列 Q 的队首元素并由参数 e 保存。算法需要考虑的几个关键问题如下：

• 函数的返回值：当队列为空时，出队列操作无法执行。调用者根据本算法函数返回的逻辑值判断操作成功与否。

• 算法的关键操作步骤：

① 首先可借助判空操作 QueueEmpty 判断顺序队列是否为空，是，则出队列操作失败返回 FALSE。

② 队列非空，则根据方案三的约定，通过指针形参 e 保存表头指示器 front 增 1 后所指单元的元素值。

③ 出队列操作成功返回 TRUE。

算法的 C 语言描述如下：

```
_Bool   DeleteQueue_SQ (SqQueue   *Q, ElemType   *e){
    if (QueueEmpty_SQ(Q)){
        printf("Queue empty!\n");
        return   FALSE;
    }//End_if
    *e = Q->queue[++(Q->front)];        // 队首元素出队列并保存至指针形参 e
    return   TRUE;
}//End_DeleteQueue_SQ
```

函数运行返回 FALSE 时失败，e 中的值无意义。

（8）FreeQueue 操作

顺序队列和顺序表一样，所占向量空间是在编译阶段分配的，在程序运行期间其空间不被释放，因而回收顺序队列的操作过程和操作结果同清空顺序队列一样，具体算法实现参见前述顺序队列清空操作 ClearQueue，此处不再赘述。

4. "假溢出"及其解决

由于队列只允许在头部执行删除操作、尾部执行插入操作，则在穿插进行一段时间的进队和出队操作之后，可能出现出队操作端 (front 所指) 存在空闲单元，而进队操作端 (rear 所指) 已到达最大空间位置 (如下标 MAX-1)。由于进队操作只能在队尾进行，这就使得前面的空闲单元无法被有效利用。这种现象被称为"假溢出"。

为了提高队列存储空间的利用率，可以采取一些必要的措施来解决"假溢出"现象。

（1）方法一：修改出队列操作

该方法的主要思想是：一旦有元素出队，就将出队操作执行后队列中的其余元素均顺次前移一个单元。这样即使执行过出队操作，队列头部也不会存在闲置单元，从而避免出现进队列时的"假溢出"现象。

按照这一思想，对基于前述存储类型 SqQueue 的出队列算法 DeleteQueue 做相应的修改，其 C 语言描述如下：

```
_Bool   DeleteQueue_ASQ (SqQueue   *Q, ElemType   *e){
    if (QueueEmpty_SQ(Q))
    {   printf("Queue empty!\n");
        return   FALSE;        }
    // 在队首指示器位置不变的前提下，首元素出队并保存至指针形参 e
    *e = Q->queue[Q->front+1];
    for(int   i=1;i < Q->rear;i++)        // 队列中其余元素顺次前移
        Q->queue[i]=Q->queue[i+1];
    (Q->rear)--;            // 队尾指示器前移
    return   TRUE;
}//End_DeleteQueue_ASQ
```

出队列操作采用这种思路实现时，队首指示器在操作前后不需要修改，而仅在元素前移后修改队尾指示器。

（2）方法二：修改进队列操作

该方法的主要思想是：当执行进队列操作时遇到"假溢出"问题，则首先将所有元素前移至队首指示器重新指向 0 下标单元，然后再执行插入操作。

按照这一思想，对顺序队列的进队列算法 EnterQueue 做相应的修改，其 C 语言描述如下：

```
_Bool   EnterQueue_ASQ (SqQueue   *Q, ElemType   e){
    if( Q->rear==MAX ){        // 队尾达最大空间
        if( Q->front==0 )   // 队首无可用空间
        {   printf("Space overflow!\n");
            return FALSE;        }
        for(int   i=1;i <= Q->rear-Q->front; i++)        // 队列中元素顺次前移
            Q->queue[i]=Q->queue[Q->front+i];
        Q->rear -= Q->front;
        Q->front = 0;            // 重定位头尾指示器
```

```
    }//End_if
    Q->queue[++ (Q->rear)] = e;            // 新元素 e 插入队尾
    return   TRUE;
}//End_EnterQueue_ASQ
```

进队列操作采用这种思路实现时，若出现"假溢出"现象，元素顺次前移后，需要同时修改队首指示器和队尾指示器。

（3）方法三：采用循环队列

该方法的主要思想是：将顺序队列设想为首尾相接的环状（如图2.13所示）。这样，最大下标对应单元的后继单元为最小下标单元，则当 front 和 rear 指示器增 1 超过最大下标单元时，即重新指向 0 下标单元。

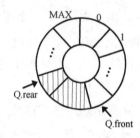

图2.13　循环队列示意图（阴影部分表示队列元素所占空间）

按照这一思路，只要队列还有可用空间，就一定可以被循环利用而避免出现"假溢出"现象。

循环队列的算法实现方法很简单，类似钟表表盘，借助数学中的模数运算：即算法语句实现时，在进队和出队操作修改指示器 front 或 rear 增 1 时，将运算结果再对可用空间单元的个数取模。这样，执行进队列操作时，指示器 rear 的修改可用 C 语言描述为：rear =(rear+1)%(MAX+1)；执行出队列操作时，指示器 front 的修改可用 C 语言描述为：front =(front+1)%(MAX+1)。

按照约定方案三，front 指示器指向队首元素的前一个单元，rear 指示器指向队尾元素，因此，循环队列为空时，front 和 rear 重合，而当循环队列满时，rear 指示器加 1 后的相邻单元（对空间单元个数求模数后对应的单元），为 front 指示器所指单元。

引入循环队列实现思路的顺序队列，其存储结构定义类型仍为 SqQueue，ADT 定义中各基本操作的算法实现在前述简单顺序队列的操作实现基础上稍作改进，下面分别加以介绍。

① InitiateQueue 操作

该操作实现顺序队列 Q 的初始化，算法函数的核心语句是设置 Q 的成员变量 front 和 rear 均为空队列初值——指向 0 下标单元。这同样符合循环队列初始化操作对操作结果的要求，因此该操作算法和简单顺序队列初始化操作的算法相同，其算法描述可参考之前的介绍，此处不再赘述。

②　QueueEmpty 操作

该操作判断顺序队列 Q 是否为空，而无论是否引入循环队列思想，顺序队列为空时，判断依据均为指示器 front 和 rear 指向同一个下标单元。因此，该操作算法实现也和前面介绍的简单顺序队列判空操作实现相同，具体算法此处不再重复。

③　QueueLength 操作

顺序队列 Q 中元素的个数可通过 Q 的首尾指示器 rear 和 front 的间隔距离求得，因此，求队列长度的操作对于前面介绍的简单顺序队列来说，算法的核心语句是求解 rear-front 的值；而对于引入循环队列思路的顺序队列来说，在经过穿插进行出队列和进队列操作之后，队尾指示器 rear 所指单元的序号可能小于队首指示器 front 所指，此时求解 rear-front 的值需要加上空间单元个数 (MAX+1)，同时，还要借助取模运算避免运算结果超出空间范围。

算法函数的 C 语言描述如下：

```
int   QueueLength_CSQ (SqQueue   *Q){
    return   (Q->rear +MAX+1- Q->front)%(MAX+1);
}//End_QueueLength_CSQ
```

④　ClearQueue 操作

引入循环队列思路的顺序队列清空操作和前面介绍的简单顺序队列一样，操作结果得到一个空队列，算法的核心语句是将 Q 的成员变量 front 指向 rear 所指单元，算法描述无须修改。

⑤　GetHead 操作

引入循环队列思路的取队首元素操作和前面介绍的简单顺序队列取队首操作算法的函数类型一致，即队列为空时操作失败返回 FALSE。该操作的算法实现不同于简单顺序队列之处是：取 front 指示器所指的下一单元元素时，需要对增 1 运算的结果进行取模运算，以确保运算结果仍在队列所分配空间以内。

采用循环顺序队列改进的算法可用 C 语言描述如下：

```
_Bool   GetHead_CSQ (SqQueue   *Q, ElemType   *e){
    if (QueueEmpty_SQ(Q)){
        printf("Queue empty!\n");
        return   FALSE;
    }//End_if
    *e = Q->queue[(Q->front +1)%(MAX+1)];
```

```
        return    TRUE;
}//End_GetHead_CSQ
```

⑥ EnterQueue 操作

循环队列的进队列操作和简单顺序队列对比，算法函数的类型不变，但队列空间已满的条件和前述不同：当 rear 指示器加 1 并对空间单元个数取模数后指向 front 指示器所指单元，则队列空间满。另外，新元素插入位置为 rear 增 1 并对空间单元数 (MAX+1) 取模的相邻单元。

采用循环顺序队列改进的算法可用 C 语言描述如下：

```
_Bool   EnterQueue_CSQ (SqQueue   *Q, ElemType   e){
        if((Q->rear+1)%(MAX+1) >= Q->front){
                printf("Space overflow!\n");
                return FALSE;
        }//End_if
        Q->rear = (Q->rear+1)%(MAX+1);
        Q->queue[Q->rear] = e;                // 新元素 e 插入队尾
        return    TRUE;
}//End_EnterQueue_CSQ
```

⑦ DeleteQueue 操作

循环队列的出队列操作和简单顺序队列对比算法函数的类型相同，也可借助判空操作 QueueEmpty 判断队列是否为空，但队首指示器所指单元的后继单元的表示同样需要增 1 并对空间单元数 (MAX+1) 取模数。

采用循环顺序队列改进的算法可用 C 语言描述如下：

```
_Bool   DeleteQueue_CSQ (SqQueue   *Q, ElemType   *e){
        if (QueueEmpty_SQ(Q)){
                printf("Queue empty!\n " );
                return    FALSE;
        }//End_if
        Q->front = (Q->front +1)%(MAX+1);
        *e = Q->queue[Q->front];              // 队首元素出队列并保存至指针形参 e
        return    TRUE;
}//End_DeleteQueue_CSQ
```

⑧ FreeQueue 操作

如果队列空间是在运行阶段的初始化操作时申请的，则回收其空间的操作需要

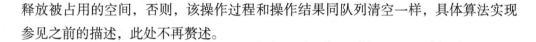

释放被占用的空间，否则，该操作过程和操作结果同队列清空一样，具体算法实现参见之前的描述，此处不再赘述。

5. "假溢出"方案评价

顺序队列基本操作的实现，重点需要考虑如何避免出现"假溢出"现象，下面对前述各解决方案的算法实现进行性能评价。

(1) 简单顺序队列解决"假溢出"方案评价

采用简单顺序队列存储结构实现时，避免出现"假溢出"现象通过修改进队列或出队列操作算法来实现。

采用仅修改出队列算法的解决方案时，算法函数 DeleteQueue_ASQ 中的核心语句是 for 循环的循环体，即每当一个元素出队列，其余元素均顺次前移。可见函数被调用时，其基本语句的执行次数同队列中的元素个数（问题的规模）n 成线性比例关系，从而算法的平均时间复杂度为线性阶，即 $T(n) = O(n)$；另一方面，该函数除了算法本身所占空间外，仅引入了循环控制变量 i，从而算法的空间复杂度为常数阶，即 $S(n) = O(1)$。

采用仅修改进队列算法的解决方案时，算法函数 EnterQueue_ASQ 中的核心语句是位于 if 语句中的 for 循环，因而，仅当出现"假溢出"时，才将所有元素顺次前移至队列空间的起始单元。此时，for 语句循环体的执行次数也同问题的规模 n 成线性比例关系。从而算法在最坏情况下的时间复杂度也为线性阶，即 $T(n) = O(n)$；该函数除了算法本身所占空间外，也只引入了一个循环控制变量 i，从而算法的空间复杂度也为常数阶，即 $S(n) = O(1)$。

就这两种方案对比而言，由于进队列算法仅当出现"假溢出"时，才将所有元素顺次前移至队列空间的起始单元，各元素移动的单元跨度大于等于 1；而出队列算法每出队一个元素，其余元素均顺次前移，每次移动的单元跨度为 1，从而通过修改进队列算法的 EnterQueue_ASQ 函数比修改出队列算法的 DeleteQueue_ASQ 函数的基本语句的语句频度要低。

(2) 循环顺序队列解决"假溢出"方案评价

循环顺序队列各基本操作中，队列初始化、队列判空、队列清空、队列回收等操作和简单顺序队列相同，而求队列长度、取队首元素、进队列、出队列等操作在计算 front 和 rear 指示器加减操作时，需要保证加减后的结果仍然在可用空间范围内，因而增加了取模数运算，但算法的时间复杂度和空间复杂度同简单顺序队列在不考虑解决"假溢出"问题时的算法一样，均为常数阶。

因此，循环顺序队列存储结构的算法实现是最常见的一种顺序队列存储优化方式。

6. 区分"队空""队满"状态的其他途径

除了前面介绍的 front 指示器所指空间闲置的方案外，还可以采用如下两种方法解决"队空""队满"的状态表示冲突问题。

(1)增设计数变量法

可通过在主调函数中增设计数变量 count，用于统计队列中的元素个数。具体步骤如下：

　① 初始化空队列，置计数变量 count 为 0；

　② 主调函数中每调用进队列操作进队一个元素，即修改 count 增 1；

　③ 主调函数中每调用出队列操作出队一个元素，即修改 count 减 1；

　④ 当计数变量 count 到达 MAX 时，队列满；反之，count 为 0 时，队列为空。

(2)增设标志量法

增设一个标志量 tag，用于标记队列为"空"或为"满"。具体步骤如下：

　① 初始化空队列时，标志变量 tag 置为 FALSE；

　② 在主调函数中调用进队列操作时，则标志变量 tag 置为 TRUE；

　③ 在主调函数中每调用出队列操作出队一个元素，则标志变量 tag 置为 FALSE；

　④ 若标志变量 tag 为 TRUE 时指示器 front 和 rear 重合，则为"队满"状态；若标志变量 tag 为 FALSE 时指示器 front 和 rear 重合，则为"队空"状态。

2.4.2　链队列实现

采用链表存储结构实现的队列称为链队列。

队列 ADT 定义的基本操作中，基本上不涉及求某个元素的前驱操作，因此，链队列采用空间较为节省的单链表结点存储结构即可。为了简化操作实现，采用和单链表一样含有头结点的链队列存储结构。

链队列中的元素结点类型定义同单链表结点完全相同，也采用单链表结点的 Node 和 LinkList 定义类型。

1. 链队列定义

采用链表存储结构实现时，为了方便操作，通常同时给出队头指针 front 和队尾指针 rear。链队列的类型定义可用 C 语言描述如下：

typedef struct {

    LinkList front, rear;

  } LinkQueue;

  其中，指针成员 front 指向队首头结点，rear 指向队尾结点。

  若采用循环单链表存储结构，链队列直接用尾指针给定即可，则链队列定义类型同循环单链表相同。

  在 LinkQueue 类型的链队列各基本操作对应的算法函数中，队列参数 Q 均以指针形参方式定义。

2. 链队列基本操作的实现

  （1）InitiateQueue 操作

  LinkQueue 类型的链队列 Q 的初始化操作是将 Q 初始化为只包含头结点的空链队列。算法函数的核心语句是设置 Q 的成员变量 front 和 rear 指向一个新申请的头结点空间，然后修改头结点的后继指针指向空地址（采用循环单链表存储结构时头结点后继指针应指向头结点自身）。

  初始化算法函数通过参数传递链队列，无须返回值。其 C 语言描述如下：

```
void    InitiateQueue_LQ (LinkQueue    *Q){
        Q->front = (LinkList) malloc(sizeof (Node));   // 申请链队列头结点的空间
        if(!(Q->front)){        // 头结点空间申请失败
            printf("Space overflow!\n");
            return;
        }//End_if
        Q->front->next=NULL;        // 头结点的后继指针指向空地址
        Q->rear = Q->front;          // 队尾指针指向头结点
}//End_InitiateQueue_LQ
```

  循环链队列存储结构实现时，Q 为 LinkList 类型的队尾指针，初始化后指向队列中唯一的头结点，可直接为指针 Q 申请头结点空间。由于算法语句不同，另给出其 C 语言描述如下：

```
void    InitiateQueue_CLQ (LinkList    *Q){
        *Q = (LinkList) malloc(sizeof (Node));
        // 直接给队尾指针申请链队列头结点的空间
        if(!(*Q)){         // 头结点空间申请失败
            printf("Space overflow!\n");
            return;
```

```
    }//End_if
    (*Q)->next = *Q;        //头结点的后继指针指向自身
}//End_InitiateQueue_CLQ
```

（2）QueueEmpty 操作

当链队列 Q 中仅剩头结点时，Q 为空队列。因此空链队列的判定条件可以有两种：一是队尾指针 rear 指向头指针 front 所指的头结点，二是头结点的后继为空值（NULL）。算法的核心语句为判定两种条件的任一种是否满足，是，返回 TRUE，否则返回 FALSE。

算法的 C 语言描述如下：

```
_Bool  QueueEmpty_LQ (LinkQueue  *Q){
    return  Q->rear == Q->front ? TRUE : FALSE;
    //其中 Q->rear == Q->front 可替换为 Q->front->next == NULL
}//End_QueueEmpty_LQ
```

采用循环链队列存储结构实现，Q 的类型为 LinkList 且当头结点的后继指向自身时，链队列为空，则此时的判定条件改为：Q->next == Q。

（3）QueueLength 操作

求链队列 Q 中元素的个数，同单链表求长度算法类似，算法的核心语句是统计链队列中的结点个数，并由函数返回结果值。

算法的 C 语言描述如下：

```
int  QueueLength_LQ (LinkQueue  *Q){
    Node  *p = Q->front;      //指针变量 p 初始指向队列头结点
    int  count = 0;          //计数变量 count 同 p 所指结点对应，初值为 0
    //从头结点开始向后循环统计非空结点个数
    while( p -> next){
        p = p -> next;
        count++;
    }//End_while
    return  count;           //返回链队列中结点的统计结果，空表返回 0
}//End_QueueLength_LQ
```

采用循环链队列结构时，Q 为 LinkList 类型且指向尾结点的指针，则 p 的初值设置为 Q->next。同时，将 while 语句的循环条件改为：p -> next != Q。

（4）ClearQueue 操作

链队列 Q 清空操作和单链表清空类似，结果是将 Q 还原到初始化状态。算法的核心语句是循环将 Q 中头结点的所有后继结点出队列并释放其空间。

算法函数通过指针参数传递，无须返回值。其 C 语言描述如下：

```
void   ClearQueue_LQ (LinkQueue   *Q){
    Node *p = Q->front->next ;      // 指针 p 初始指向链队列中第一个结点
    while(p){     // 队列中存在待回收结点
        Q->front->next = p->next;          // 首元素出队列
        free(p);      // 回收出队列元素结点所占空间
        p = Q->front->next ;          //p 指向队首下一个待回收结点
    }//End_while
    Q->rear = Q->front;          // 修改队尾指针指向头结点
}//End_ClearQueue_LQ
```

采用循环链队列实现时，Q 为 LinkList 类型的队尾指针，则指向各结点的指针变量 p 的初值、while 语句的判定条件以及循环体语句均有不同。算法的 C 语言描述如下：

```
void   ClearQueue_CLQ (LinkList   *Q){
    (*Q) =(*Q)->next;          // 尾指针改为指向队列头结点
    Node *p =(*Q)->next ;          // 指针 p 初始指向链队列中第一个结点
    while(p !=(*Q)){          // 表中存在待回收结点
        (*Q)->next = p->next;          // 首元素出队列
        free(p);          // 回收出队列元素结点所占空间
        p =(*Q)->next;          //p 指向队首下一个待回收结点
    }//End_while
}//End_ClearQueue_CLQ
```

（5）GetHead 操作

链队列 Q 的队首元素可通过 front 指针找到，算法函数和顺序队列一样返回取队首元素成功或失败的逻辑值。算法步骤同样可先借助判空操作 QueueEmpty 判断队列是否为空，是，则操作失败返回 FALSE；否则取出 front 指针所指结点的后继元素并保存至指针形参 e，操作成功返回 TRUE。

算法的 C 语言描述如下：

```
_Bool   GetHead_LQ (LinkQueue   *Q, ElemType   *e) { // ①
    if (QueueEmpty_LQ(Q)){
        printf("Queue empty!\n");
        return   FALSE;
    }//End_if // 队首元素保存至指针形参 e
```

```
        *e = Q->front->next->data; // ②
        return    TRUE;
}//End_GetHead_LQ
```

同样，函数运行返回 FALSE 时失败，e 中的值无意义。

采用循环链队列实现时，Q 为 LinkList 类型的尾指针，上述算法描述语句中的相应修改为：①处的参数 Q 应定义为 LinkList 类型的指针；②处的语句保存到参数 e 的队首元素值应改为用 Q->next->next->data 表示。

（6）EnterQueue 操作

进队列操作将元素 e 作为链队列 Q 的新队尾元素插入，唯一的插入失败情况是申请结点空间失败。考虑函数通用性，其返回值类型仍为逻辑值。若申请空间成功，将元素 e 结点作为 rear 所指结点的后继结点插入队尾，然后修改 rear 指针指向新结点，返回 TRUE。

算法的 C 语言描述如下：

```
_Bool    EnterQueue_LQ (LinkQueue   *Q, ElemType   e){ // ①
        Node *s = (LinkList) malloc(sizeof (Node));       // 申请新结点的空间
        if(!s)      // 结点空间申请失败
            return    FALSE;
        // 设置新结点的值域和指针域
        s->data = e;
        s->next = NULL;       // ②
        // 将新结点链接到队尾
        Q->rear->next = s;     // ③
        Q->rear = s;     // ④
        return    TRUE;
}//End_EnterQueue_LQ
```

采用循环链队列时，新结点作为 LinkList 类型的尾指针 Q 所指结点的后继结点插入，对上述算法函数的相应修改为：①处的参数 Q 应定义为 LinkList 类型的指针；②处的赋值表达式应改为 s->next =Q->next；③处的赋值表达式应改为 Q->next=s；④处的赋值表达式应改为 Q=s。

（7）DeleteQueue 操作

链队列队首元素的出队算法首先可借助判空操作 QueueEmpty 判断队列是否为空，是，则函数返回 FALSE；否则，通过指针形参 e 保存出队的元素值，然后将队首结点从队列中删除并回收其所占空间。

算法的 C 语言描述如下：

```
_Bool   DeleteQueue_LQ (LinkQueue   *Q, ElemType   *e){
    if (QueueEmpty_LQ(Q)){
        printf("Queue empty!\n");
        return   FALSE;
    }//End_if
    Node *p = Q->front->next;          //p 指向待出队结点
    *e = p->data;           // 首结点元素值保存至指针形参 e
    Q->front->next = p->next;          // 首结点出队列
    free(p);
    return   TRUE;
}//End_DeleteQueue_LQ
```

函数运行返回 FALSE 时失败，e 中的值无意义。

采用循环链队列结构时，队尾指针 Q 为 LinkList 类型。由于删除队列中唯一结点时需要修改 Q 指向头结点，故 Q 采用地址传递方式。具体算法语句不同之处较多，另给出算法的 C 语言描述如下：

```
_Bool   DeleteQueue_CLQ (LinkList   *Q, ElemType   *e){
    if (QueueEmpty_LQ(*Q)){          // 指针间接引用
        printf("Queue empty!\n");
        return   FALSE;
    }//End_if
    Node *p =(*Q)->next->next;          //p 指向待出队结点
    *e = p->data;          // 首结点元素值保存至指针形参 e
    if(p == *Q)   // 待出队的是队列中唯一结点
        *Q =(*Q)->next;          // 修改尾指针指向头结点
    else        // 出队元素不是队列中唯一元素
        (*Q)->next->next = p->next ; // 首结点出队列
    free(p);
    return   TRUE;
}//End_DeleteQueue_CLQ
```

（8）FreeQueue 操作

回收链队列操作是将占空间包括头结点在内全部释放，队列的头、尾指针均发生改变，和初始化一样应定义为地址传递参数。算法的核心语句是循环删除并释放链队列中的全部结点所占空间。

算法函数无须返回值，其 C 语言描述如下：

```
void    FreeQueue_LQ (LinkQueue    *Q){
    Node *p = Q->front->next;          // 指针 p 初始指向队首结点
    while(p) {      // 队列中存在待回收结点
        Q->front->next = p->next;
        free(p);       // 删除队首结点并释放其所占空间
        p = Q->front->next;              //p 指向队首下一个待回收结点
    }//End_while
    free(Q->front);             // 释放头结点所占空间
}//End_FreeQueue_LQ
```

循环链队列 Q 为尾指针，而回收过程从头部开始即可，为了简化操作，避免单独判定最后一个元素结点出队的情况，不妨首先修改 Q 指向队列头结点。

算法函数采用地址传递参数 Q，无返回值，其 C 语言算法描述如下：

```
void    FreeQueue_CLQ (LinkList    *Q){
    (*Q) =(*Q)->next;           //Q 改为指向头结点
    Node *p =(*Q)->next ;              // 指针 p 指向队首结点
    while( p != *Q){        // 表中存在待回收结点
        (*Q)->next = p->next;
        free(p);       // 删除队首结点并释放其所占空间
        p =(*Q)->next;              //p 指向队首下一个待回收结点
    }//End_while
    free(*Q);        // 释放头结点所占空间
}//End_FreeQueue_CLQ
```

2.4.3 队列基本操作实现的算法评价

经过对比顺序队列和链队列两种存储结构下实现队列基本操作的算法，下面分别对各基本操作适合选用的存储结构加以分析评价。

1. 初始化操作 InitiateQueue

无论采用顺序队列还是链队列实现，该操作算法的时间复杂度均为常数阶，即 $T(n)=O(1)$。

从空间分配角度来看，顺序队列所占空间是在编译阶段分配的，整个程序运行期间空间固定不变，执行初始化操作时设置队列首尾指示器指向空队列时的 0 下标单元即可；链队列中结点所占空间在程序运行期间动态分配，初始化时需要申请一个附加头结点的空间。

对于采用 LinkQueue 类型的链队列，InitiateQueue_LQ 算法函数需要同时设置 Q 的 front 和 rear 指针指向附加头结点；而采用 LinkList 类型的循环链队列，InitiateQueue_CLQ 算法函数则直接由尾指针 Q 指向附加头结点即可。

此外，初始化操作的执行目的主要是配合实现队列的其他操作，单独执行没有意义，因而选用哪种存储结构取决于需要配合执行的操作。

2. 判空操作 QueueEmpty

该操作采用顺序队列和常规链队列时，算法的核心语句几乎相同，区别仅仅是定义类型不同，算法的时间复杂度均为常数阶 $T(n) = O(1)$。

从含义上分析，顺序队列判断的是首尾指示器指向同一个下标单元，而链队列无论常规链队列还是循环链队列，则是判断队列中仅剩一个附加头结点。

判空操作通常也是配合队列的某些主要操作实现，因而所选用的存储结构同样取决于配合执行的操作。

3. 求队列长度操作 QueueLength

顺序队列的长度可通过 rear 和 front 成员之差求得，算法的时间复杂度为 $T(n) = O(1)$；链队列的长度需要统计队列中结点的个数，则算法的时间复杂度是问题规模 n 的线性函数，即 $T(n) = O(n)$。

实际运用中，求队列长度操作通常是配合判断某些操作是否满足在队列的范围以内执行，因而该算法实现所采用的存储结构同样取决于配合执行的操作选用的存储结构方案。

4. 清空操作 ClearQueue

顺序队列清空时，可直接设置 Q 的 front 成员指向 rear 成员所指单元，算法的时间复杂度 $T(n) = O(1)$；链队列清空时，由于结点空间在运行期间动态分配，需要考虑队列中结点空间的回收，因而算法的时间复杂度为问题规模 n 的线性函数，即 $T(n) = O(n)$。

清空操作的执行目的，是在配合完成队列的某个主要操作过程中，作为一项必备的善后处理，因而存储结构的选用同样取决于所配合执行的操作。

5. 取队首元素操作 GetHead

由于队列的先进先出特点，取队列元素通常是取队首元素。当队列非空时（可通过执行 QueueEmpty 操作进行队列判空），可直接通过 front 指示器（或指针）或附加头结点的 next 指针找到队首元素，而 QueueEmpty_LQ 算法的时间复杂度为常数阶，因而无论采用哪种存储结构，算法的时间复杂度均为常数 $T(n) = O(1)$。

在实际应用中，取队首元素操作虽然较为常见，但由于算法的时间复杂度无论采用哪种存储结构均为常数阶，对其他操作而言不会影响整个程序的时间复杂度，因此其存储结构可参考队列的其他操作进行选择。

6. 进队 / 出队操作 EnterQueue / DeleteQueue

队列的插入（进队列）操作 EnterQueue 只能在队尾进行，删除操作（出队列）DeleteQueue 只能在队首进行，则设计算法时可省略定位步骤。

算法首先需对"空间溢出"情况进行判定，采用顺序队列实现时，由于空间预置固定，则进队列时空间已满和对空队列的出队操作均属于"空间溢出"失败情况；采用链队列实现时，由于空间动态分配，则进队列时空间申请失败和对空队列的出队操作属于溢出的失败情况。该判定步骤的语句频度为常数。

若能够执行进队 / 出队操作，则根据相应操作完成赋值后，修改对应的若干指针或指示器确保队列的连续性即可，这部分操作的语句频度也为常数。

综上，进队 / 出队算法的时间复杂度均为常数阶，即 $T(n) = O(1)$。

7. 回收操作 FreeQueue

由于顺序队列所占空间在编译阶段预置，无法在运行期间动态回收，因而对于顺序队列来说，回收队列空间操作可由清空操作 ClearQueue 代替。

链队列空间回收算法的核心语句是循环删除并释放队列中的所有结点，因此算法的时间复杂度取决于循环语句的语句频度，是问题规模 n 的线性函数，即 $T(n) = O(n)$。

就操作目的而言，队列空间回收操作是在配合完成队列的其他主要操作过程中，作为一项必备的善后处理，因而算法存储结构的选用与所配合执行的操作所采用的存储结构相一致。

综上所述，顺序队列存储结构实现各基本操作的算法时间复杂度均为常数阶，而链队列存储结构对求长度、清空以及回收等操作实现的算法时间复杂度为线性阶，若不考虑空间上溢相对可能性高的话，采用顺序存储结构实现各基本操作的算法不但时间效率更高，空间利用率也比链式存储结构要高。因而对于队列来说，顺序存储结构无论从时间上考虑还是从空间上考虑，均比链式存储结构更具优势。

2.5　队列的应用

队列在软件系统中应用广泛，本章以程序设计中经典的“输出杨辉三角”算法为例，详细分析几种不同的算法设计思路以及队列数据结构在其中的应用。关于队列在二叉树层序遍历中的应用将在第 4 章树结构的相关小节介绍。

2.5.1　杨辉三角的输出

杨辉三角形又称贾宪三角形、帕斯卡三角形，是二项式系数的一种三角形排列。

下面以输出直角三角形杨辉三角的前 16 行为例 (输出结果如图 2.14 所示)，介绍几种算法设计思路。

```
1
1    1
1    2    1
1    3    3    1
1    4    6    4    1
1    5   10   10    5    1
1    6   15   20   15    6    1
1    7   21   35   35   21    7    1
1    8   28   56   70   56   28    8    1
1    9   36   84  126  126   84   36    9    1
1   10   45  120  210  252  210  120   45   10    1
1   11   55  165  330  462  462  330  165   55   11    1
1   12   66  220  495  792  924  792  495  220   66   12    1
1   13   78  286  715 1287 1716 1716 1287  715  286   78   13    1
1   14   91  364 1001 2002 3003 3432 3003 2002 1001  364   91   14    1
1   15  105  455 1365 3003 5005 6435 6435 5005 3003 1365  455  105   15    1
```

图 2.14　以直角三角形形式输出的杨辉三角

1. 求解二项式系数法

由于杨辉三角中的数据是 $(a+b)^n$ 展开后各项的系数，则其第 n 行系数是 $C_n^o \sim C_n^n$ 其中 $C_n^r (0 \leqslant r \leqslant n)$ 可通过下述公式 (2-1) 求得：

$$C_n^r = \frac{n!}{r!(n-r)!} = \frac{(n-r+1)(n-r+2)\ldots n}{r!} \tag{2-1}$$

算法的 C 语言描述如下：

```
void YanghuiTriangle_1 (int n){
    int   i,j,k;
    double   numer,deno;
    for(i=0;i<n;i++){                    //i代表杨辉三角的各行
        for(j=0;j<=i;j++){               //j代表第i行中的各列
            numer =deno=1;
            for(k=i-j+1;k<=i;k++)
            numer *=k;                   //求公式（2-1）右侧的分子部分
            for(k=2;k<=j;k++)
            deno*=k;                     //求 r!
            printf("%5d", numer /deno);       //输出 $C_n^r$
        }//End_for_ j
        printf("\n");   //换行
    }//End_for_ i
}//End_YanghuiTriangle_1
```

其中，变量 numer 和 deno 定义为 double 类型，避免因乘积过大导致存储溢出而产生的数据误差。

2. 根据系数排列规律求解法

杨辉三角形各行中的数据排列特点如下：

① 第 n 行的数字个数为 n 个；

② 每行数字左右对称，且第一个和最后一个都为 1；

③ 从第 3 行起，除第一个和最后一个数外，其余各数等于上一行的同列与其前一列两个数之和。

此时，可采用二维数组存储各数，则算法的 C 语言描述如下：

```
#define   N   16
void   YanghuiTriangle_2 (int a[N][N]){
    int i, j ;
    for(i=0;i<N;i++)
        for(j=0;j<=i;j++){
            if(i==j || j==0)     a[i][j]=1;       //第 1 列和最后一列置 1
            else     //其余各数等于上一行的同列与其前一列两个数之和
            a[i][j]=a[i-1][j]+a[i-1][j-1];
```

```
        printf("%5d",a[i][j]);
        if(i==j)    printf("\n");
    }//End_for_j
}//End_YanghuiTriangle_2
```

3. 队列辅助空间求解法

队列既可以采用顺序存储结构又可以采用链式存储结构。链队列的操作实际上是单链表的操作，只不过同时标记出队首和队尾的位置，删除在表头端进行，插入在表尾端进行。输出杨辉三角操作是利用队列辅助空间的先进先出特性实现，采用链队列存储结构反而降低了辅助空间的利用率，因此适用顺序队列实现。为了避免发生"假溢出"，并尽可能节约顺序队列辅助空间，采用循环队列的存储思想。

顺序队列沿用前面介绍的 SqQueue 类型定义，其中，queue 成员为队列的向量空间，空间最大值设置为 MAX+1，用于存储队列中的各记录元素；front 成员为队首位置指示变量，rear 成员为队尾位置指示变量，且约定 front 指向队首元素的前一位置，rear 指向队尾元素。

• 算法设计思想

利用队列辅助空间实现输出杨辉三角算法可按以下步骤进行：

(1)将第 1 行的元素 1 进队；

(2)从第 2 行开始，其余各行均按以下步骤依次生成第 i 行元素并入队，同时输出第 i-1 行各元素：

　　① 第 i 行第 1 列元素 1 进队；

　　② 利用第 i-1 行的各元素，计算第 i 行除第一列和最后一列，中间各元素
　　　 (共 i-2 个) 的值，并依次进队。具体实现步骤如下：

　　　　a) 第 i-1 行前一列元素出队并输出；

　　　　b) 读取队头元素，将其同出队元素求和，得到第 i 行的元素值；

　　　　c) 将求得的第 i 行中间的新元素进队；

　　③ 第 i 行最后一列元素 1 进队；

　　④ 第 i-1 行最后一列元素 1 出队并输出。

(3)队列中的第 n 行元素相继出队并输出至队列为空。

• 算法的 C 语言描述

算法的 C 语言描述如下：

```
#define   MAX   137

void   YanghuiTriangle_3 (int n){
```

```
        SeqQueue Q; int temp1,temp2;int i,j;
        Q.front=Q.rear=0;                    // 初始化空队列
        Q.rear= (Q.rear+1)%MAX;
        Q.queue[Q.rear]=1;          // 第 1 行的元素 1 进队
        for(i=2;i<=n;i++){       // 自第 2 行开始循环
            Q.rear=(Q.rear+1)%MAX;
            Q.queue[Q.rear]=1;         // 第 i 行第 1 列元素 1 进队
            for(j=1;j<=i-2;j++){        // 计算第 i 行中间的 i-2 个元素
                Q.front=(Q.front+1)%MAX;
                temp1= Q.queue[Q.front];
                printf("%5d",temp1);        // 第 i-1 行元素出队并输出
                // 取队头元素，即第 i-1 行的下一列元素
                temp2= Q.queue[(Q.front+1)%MAX];
                Q.rear= (Q.rear+1)%MAX;
                Q.queue[Q.rear]= temp1+temp2;        // 所求元素进队
            }//End_for_ j
            Q.rear=(Q.rear+1)%MAX;
            Q.queue[Q.rear]=1;       // 第 i 行最后一列元素 1 进队
            Q.front=(Q.front+1)%MAX;
            temp1= Q.queue[Q.front];
            printf("%5d\n",temp1);        // 第 i-1 行最后一列元素 1 出队并输出
        }//End_for_ i
        while(Q.front!=Q.rear){        // 第 n 行各元素出队并输出
            Q.front=(Q.front+1)%MAX;
            temp1= Q.queue[Q.front];
            printf("%5d",temp1);
        }//End_while
        printf("\n");
    }//End_YanghuiTriangle_3
```

函数中宏名 MAX 根据杨辉三角前 16 行中的元素个数 (1+2+···+16=136) 定义为 137。如果输出的行数增多，则需要对应增大 MAX 的值。

2.5.2　算法性能评价

对前述各算法的性能评价，主要从时间复杂度和空间复杂度两个方面进行。下面将输出杨辉三角的行数 n 看作问题的规模，分别进行讨论。

函数 YanghuiTriangle_1 中的核心语句是三重 for 循环的循环体，因而输出前 n 行时，其基本语句的执行次数可通过下述公式 (2-2) 求得：

$$1+(1+2)+...+(1+2+...+n)=\sum_{i=1}^{n}\frac{i(i+1)}{2}=\frac{n(n+1)(n+2)}{6} \tag{2-2}$$

从而算法的平均时间复杂度为立方阶，即 $T(n)=O(n^3)$；该函数在空间上除了算法本身所占空间外，仅引入了两个变量 b 和 c，从而算法的空间复杂度为常数阶，即 $S(n)=O(1)$。

函数 YanghuiTriangle_2 中的核心语句是双重 for 循环的循环体，因而输出前 n 行时，其基本语句的执行次数为 $1+2+\cdots+n=n(n+1)/2$，从而算法的平均时间复杂度为平方阶，即 $T(n)=O(n^2)$；该函数在空间上除了算法本身所占空间外，还引入了二维数组 a[N][N]，并且没有进行压缩存储（只存储其下三角），则其辅助空间为 n^2，从而算法的空间复杂度为平方阶，即 $S(n)=O(n^2)$。

函数 YanghuiTriangle_3 中的核心语句是双重 for 循环的循环体，因而其基本语句的执行次数取决于进队列的元素总个数。由于进队列的元素个数即杨辉三角中待输出的 n 行共 $1+2+\cdots+n=n(n+1)/2$ 个元素，从而算法的平均时间复杂度为平方阶，即 $T(n)=O(n^2)$；该函数在空间上引入了辅助空间队列 Q，从而算法的空间复杂度取决于队列 Q 的向量成员 queue 的大小。由于 queue 的大小至多为杨辉三角中待输出的元素个数，则可知队列至多需要 $n(n+1)/2$ 个空间，从而算法的空间复杂度也为平方阶，即 $S(n)=O(n^2)$。

可见，采用第一种方法设计的算法在时间效率上低于后面两种设计方法，但在空间复杂度方面优于后面两种算法。第二、第三两种算法相比，在时间复杂度方面比较接近，但采用二维数组实现的方法直接通过下标即可访问元素，而利用队列辅助空间实现的方法，对元素的操作则需要频繁进队和出队，显然，第二种设计方法更为简单。另外，后面两种算法从空间复杂度角度相比，第三种设计方法的辅助空间更节省。

2.6 堆栈

堆栈是一种后进先出 (Last In First Out) 的线性表，又称 LIFO 表。其插入 (进栈) 和删除 (出栈) 操作仅限在表尾端进行。表尾端称为"栈顶"，相应地，表头端称为"栈底"。

堆栈逻辑结构的抽象数据类型三元组 ADT Stack = (D, R, P) 的定义如下：

ADT Stack{

  数据对象：D = { $a_i | a_i \in D_0$, i=1,2,···,n, n $\geqslant$ 0, D_0 为某一数据类型 }

  数据关系：R = { $\langle a_i, a_{i+1} \rangle | a_i, a_{i+1} \in D_0$, i = 1,2,···,n-1 }

  P 集合中的基本操作：

  InitiateStack(&S)

    操作前提：存在未初始化的结构体变量 S。

    操作结果：构造一个空栈 S。

  StackEmpty (S)

    操作前提：栈 S 已存在。

    操作结果：若 S 为空栈，返回 TRUE ，否则返回 FALSE。

  StackLength(S)

    操作前提：栈 S 已存在。

    操作结果：返回 S 中元素的个数，即栈的长度。

  ClearStack(&S)

    操作前提：栈 S 已存在。

    操作结果：将 S 清为空栈。

  GetTop(S,&e)

    操作前提：栈 S 已存在。

    操作结果：若栈非空，则由 e 返回 S 的栈顶元素。

  Push(&S, e)

    操作前提：栈 S 已存在。

    操作结果：将元素 e 作为新的栈顶元素插入 S 中。

  Pop(&S,&e)

    操作前提：栈 S 已存在。

    操作结果：若栈非空，删除 S 的栈顶元素并由 e 返回其值。

  FreeStack(&S)

操作前提：栈 S 已存在。

操作结果：释放 S 所占空间。

} ADT Stack

ADT 定义的基本操作中，可能对实参有修改的，借助形参的地址传递带回。

2.7 堆栈基本操作的实现

堆栈属于线性逻辑结构，其基本操作的实现同样可以采用线性表常用的顺序存储结构和链式存储结构。由于堆栈数据结构只允许在栈顶进行插入和删除操作，为了方便起见，通常在存储实现时标记出栈顶的位置。下面分别对堆栈各基本操作采用不同存储结构实现的算法进行详细分析。

2.7.1 顺序栈实现

采用顺序存储结构实现的堆栈称为顺序栈。

1. 顺序栈定义

顺序栈中除了用地址连续的存储单元（C 语言的一维数组）依次存放栈中各记录元素外，还给定一个指示当前栈顶位置的变量 top 。顺序栈类型定义可用 C 语言描述如下：

```
typedef struct{
    ElemType    stack[MAX+1];        // MAX 为顺序栈可用空间的最大值
    int    top;
} SqStack;
```

其中，stack 成员为堆栈的向量存储空间，top 成员为栈顶位置指示变量。同顺序表存储结构分析类似，由于 C 语言数组下标从 0 开始，特将空间最大值设置为 MAX+1，0 下标单元闲置，作为栈底。

另外，为了定义和调用相统一，简化算法实现的 C 语言描述语句，ADT 定义中各基本操作算法函数中的顺序栈参数 S 均以指针形参方式定义。

2. 顺序栈基本操作的实现

（1）InitiateStack 操作

该操作的前提是存在已定义但未初始化的 SqStack 类型结构体变量 S，操作的执行结果是将 S 初始化为空的顺序栈，算法函数的核心语句是设置 S 的成员变量 top 为空栈的初值。由于定义约定存储空间的 0 下标单元作为栈底，则初始化空栈只需设置 top 指向 0 下标单元即可。

算法函数通过指针参数传递顺序栈 S，无须返回值。其 C 语言描述如下：

```
void    InitiateStack_SQ (SqStack    *S){
    S->top = 0;
}//End_InitiateStack_SQ
```

（2）StackEmpty 操作

判断顺序栈 S 是否为空的算法核心语句是判断 S 的成员变量 top 是否为空值。是，返回 TRUE，否则返回 FALSE，算法函数返回逻辑值，其 C 语言描述如下：

```
_Bool    StackEmpty_SQ (SqStack    *S){
    return    S->top == 0 ? TRUE : FALSE;
}//End_StackEmpty_SQ
```

（3）StackLength 操作

顺序栈 S 中所含元素的个数，可通过 S 的栈顶指示器位置求得，因此算法的核心语句是返回 S 的 top 成员的值。

算法函数返回整型值，其 C 语言描述如下：

```
int    StackLength_SQ (SqStack    *S){
    return S->top;
}//End_StackLength_SQ
```

（4）ClearStack 操作

清空操作执行结果得到一个空的顺序栈 S，则算法的核心语句是将 S 的成员变量 top 设置为指示 0 下标单元。

算法函数无须返回值，其 C 语言描述如下：

```
void    ClearStack_SQ (SqStack    *S){
    S->top = 0;
}//End_ClearStack_SQ
```

（5）GetTop 操作

取栈顶元素操作将顺序栈 S 的栈顶元素取出并由参数 e 保存。

算法设计需要考虑以下几点：

· 函数的返回值：栈空则操作失败，因此算法函数应返回一个逻辑值。

· 算法的关键操作步骤：

    ① 首先可借助判空操作 StackEmpty 判断顺序栈是否为空，是，则操作失败，返回 FALSE。

    ② 堆栈非空，则取出 top 指示器所指单元的记录元素并保存至指针形参 e，操作成功，返回 TRUE。

算法的 C 语言描述如下：

```
_Bool   GetTop_SQ (SqStack   *S, ElemType   *e){
    if (StackEmpty_SQ(S)){
        printf("Stack empty!\n");
        return    FALSE;
    }//End_if
    *e = S->stack[ S->top];             // 栈顶元素保存至指针形参 e
    return    TRUE;
}//End_GetTop_SQ
```

函数失败返回 FALSE 时，e 中的值无意义。

(6) Push 操作

该操作将元素 e 作为顺序栈 S 新的栈顶元素插入。算法设计需要考虑以下几点：

· 函数的返回值：顺序栈空间预置、大小固定，栈满则进栈操作无法执行，因而函数应返回一个逻辑值，进栈成功返回 TRUE，否则返回 FALSE。

· 算法的关键操作步骤：

    ① 判断顺序栈空间是否已满，当 top 指示器已指向空间最大值时，进栈操作失败，返回 FALSE。

    ② 若栈空间未满，则将 e 作为新的栈顶元素插入 top 增 1 所指单元，返回 TRUE。

算法的 C 语言描述如下：

```
_Bool   Push_SQ (SqStack   *S, ElemType   e){
    if(S->top == MAX){
        printf("Space overflow!\n");
        return FALSE;
    }//End_if
    S->stack[ ++ (S->top)] = e;          // 栈顶指示器后移，元素 e 进栈
```

```
    return    TRUE;
}//End_Push_SQ
```

（7）Pop 操作

该操作删除顺序栈 S 的栈顶元素并由参数 e 保存。算法设计需要考虑以下几点：

    ① 函数的返回值：空栈的出栈操作无法执行。调用者根据本算法函数返回的逻辑值判断操作成功与否。

    ② 算法的关键操作步骤：

        a) 首先可借助判空操作 StackEmpty 判断顺序栈是否为空，是，则出栈操作失败返回 FALSE。

        b) 堆栈非空，则将 top 指示器所指单元的元素保存至指针形参 e。

        c) 修改 top 指示器减 1，出栈操作成功，返回 TRUE。

算法的 C 语言描述 如下：

```
_Bool   Pop_SQ (SqStack   *S, ElemType   *e){
    if (StackEmpty_SQ(S)){
        printf("Stack empty!\n");
        return    FALSE;
    }//End_if
    *e = S->stack[(S->top)--];        // 栈顶元素保存至指针形参 e 后栈顶前移
    return    TRUE;
}//End_Pop_SQ
```

函数运行返回 FALSE 时失败，e 中的值无意义。

（8）FreeStack 操作

顺序栈所占向量空间是在编译阶段分配的，在程序运行期间其空间不被释放，因而回收顺序栈的操作过程和操作结果同清空顺序栈算法 ClearStack 相同，此处不再赘述。

3. 多栈共享技术

栈的应用较为常见，经常会出现一个程序中同时使用多个栈的情况。若为顺序栈，会因为对栈空间大小难以预估而出现有的栈空间已满，而有的栈仍然空闲的情况。为了解决这一问题，可以让多个栈共享一个足够大的空间，利用栈的动态特性使其存储空间互补使用。

顺序栈共享技术中，最常见的是利用"栈底固定，栈顶动态变化"特性而设计的双端栈共享技术。

（1）双端栈定义

双端栈技术大空间共享的思路是：在一个足够大的空间中设置两个堆栈，两栈的栈底分别位于空间的两端，利用动态变化的栈顶实现空间的互补使用。双端栈定义中除了地址连续的存储单元外，需同时给出指示两栈栈顶位置的指示器 top1 和 top2，由于两变量类型相同，也可采用下标变量定义方式 (C 语言中采用数组定义)。双端栈类型定义可用 C 语言描述如下：

```
typedef struct{
    ElemType    stack[MAX+1];        // MAX 为双端栈可用空间的最大值
    int    top[2];
} DSqStack;
```

双端栈由栈 1 和栈 2 组成。其中，栈 1 位于下标序号较小的一端，其栈顶位置由指示器 top[0] 指示，栈 2 位于下标序号较大的一端，其栈顶位置由指示器 top[1] 指示。由于 C 语言数组下标从 0 开始，特将空间最大值设置为 MAX+1，实际可用空间下标序号为 1~MAX，0 下标单元闲置，用作栈 1 的栈底，MAX+1 为栈 2 的栈底。

另外，为了定义和调用相统一，简化算法实现的 C 语言描述语句，ADT 定义中各基本操作算法函数中的双端栈参数 DS 均以指针形参方式定义。

（2）双端栈基本操作的实现

① InitiateStack 操作

该操作的前提是存在已定义但未初始化的 DSqStack 类型结构体变量 DS，操作的执行结果是将 DS 初始化为空的双端栈，算法函数的核心语句是分别设置 DS 的成员变量 top[0] 和 top[1] 为两栈栈底位置。

算法函数通过指针参数传递顺序栈 S，无须返回值。其 C 语言描述如下：

```
void    InitiateStack_DSQ (DSqStack    *DS){
    DS->top[0] = 0;
    DS->top[1] = MAX+1;
}//End_InitiateStack_DSQ
```

② StackEmpty 操作

由于双端栈的目的是空间共享，对于空间中的每个栈来说，其功能仍然是独立的。因此，双端栈的判空操作需要针对指定的栈执行，即要求算法函数的参数中指明要判空的栈的序号。

若指定的栈为空，返回 TRUE，否则返回 FALSE，算法函数返回逻辑值。其 C 语言描述如下：

```
_Bool   StackEmpty_DSQ (DSqStack   *DS, int   i){
    if(!i)      // 根据参数 i (0 或 1) 指定要判空的栈的序号
        return   DS->top[i]==0? TRUE : FALSE;
    else
        return   DS->top[i]==MAX+1? TRUE : FALSE;
}//End_StackEmpty_DSQ
```

③ StackLength 操作

如前所述，由于双端栈 DS 空间中的每个栈功能独立，求双端栈 DS 的长度时，不能简单给出整个空间中被占单元的总个数，而应该有针对地求其中某个栈的长度。因此，算法函数的参数中还应指明要求长度的栈的序号。

根据双端栈的定义约定，栈 1 位于下标序号较小的一端，而栈 2 位于对称的另一端。对栈 1 来说，其长度可由栈顶指示器 top[0] 直接求得，而栈 2 的长度则需要根据栈顶指示器 top[1] 与空间最大下标单元 MAX 的距离求得。

算法函数返回所求长度的整型值，其 C 语言描述如下：

```
int   StackLength_DSQ (DSqStack   *DS, int   i){
    // 返回参数 i 指定的栈的长度
    return   i == 0? DS->top[i]: MAX-DS->top[i]+1;
}//End_StackLength_DSQ
```

④ ClearStack 操作

由于双端栈 DS 空间中的每个栈功能独立，则清空操作同样需要有针对性，因此，算法函数的参数中应指明要清空的栈的序号。

函数无须返回值，其 C 语言描述如下：

```
void   ClearStack_DSQ (DSqStack   *DS, int   i){
    // 对参数 i 指定的栈置空
    i == 0? DS->top[i]= 0 : DS->top[i] = MAX+1;
}//End_ClearStack_DSQ
```

⑤ GetTop 操作

对于双端栈，取栈顶元素操作的结果是将参数 i 指定的栈的栈顶元素取出并由参数 e 保存。

算法设计需要考虑以下几点：

• 函数的返回值：指定栈为空则操作失败，算法函数应返回一个逻辑值。

• 算法的关键操作包括两个步骤：

第一步，可借助判空操作 StackEmpty 判断参数 i 指定的栈是否为空，是，则操作失败，返回 FALSE；第二步，若指定堆栈非空，则将对应指示器所指单元的元素保存至指针形参 e，操作成功，返回 TRUE。

综合以上几点，算法可用 C 语言描述如下：

```
_Bool  GetTop_DSQ (DSqStack  *DS, int  i, ElemType  *e){
    // 对参数 i 指定的栈取栈顶元素
    if (StackEmpty_DSQ(DS, i)){      // 当 i 栈为空时
        printf("Stack %d empty!\n", i);
        return   FALSE;
    }//End_if
    *e = DS->stack[ DS->top[i]];       // 指定栈的栈顶元素保存至指针形参 e
    return   TRUE;
}//End_GetTop_DSQ
```

函数失败返回 FALSE 时，e 中的值无意义。

⑥ Push 操作

该操作将元素 e 插入双端栈中指定的栈。

根据双端栈的定义约定，栈 1 位于下标序号较小的一端，而栈 2 位于对称的另一端。对栈 1 来说，其栈顶指示器 top[0] 在执行进栈操作时后移（下标序号递增）；而对栈 2 执行进栈操作时，其栈顶指示器 top[1] 递减前移。

算法设计主要考虑以下几点：

· 函数的返回值：

双端栈空间预置、大小固定，共享空间已满则进栈操作无法执行，因而函数应返回一个逻辑值，进栈成功返回 TRUE，否则返回 FALSE。

· 算法的关键操作分为两个步骤：

第一步先判断共享空间是否已满，双端栈共享空间满的标志是当指示器 top[0] 和 top[1] 相邻，此时进栈操作失败，返回 FALSE；第二步是在共享空间未满情况下，移动指定栈的栈顶指示器指向下一单元，将 e 作为新的栈顶元素插入指定栈，操作成功返回 TRUE。

算法可用 C 语言描述如下：

```
_Bool  Push_DSQ (DSqStack  *DS, int  i, ElemType  e){
    // 对参数 i 指定的栈执行压栈操作
    if(DS->top[0]+1 == DS->top[1]){      // 双栈共享空间满
        printf("Space overflow!\n");
        return FALSE;
```

```
}//End_if
    if(! i)      // 栈 1 指示器后移，元素 e 进栈
        DS->stack[ ++ (DS->top[i])] = e;
    els          // 栈 2 指示器前移，元素 e 进栈
        DS->stack[--(DS->top[i])] = e;
    return    TRUE;
}//End_Push_DSQ
```

⑦ Pop 操作

该操作将双端栈中指定栈的栈顶元素出栈并由参数 e 保存。

根据双端栈的定义约定，对栈 1 来说，执行出栈操作时其栈顶指示器 top[0] 递减前移；而对栈 2 执行出栈操作时，其栈顶指示器 top[1] 的移动方向为递增后移。算法设计中需要考虑以下几点：

· 函数的返回值：空栈的出栈操作无法执行，因而通常调用者根据本算法函数返回的逻辑值判断操作成功与否。

· 算法的关键操作分为三个步骤：

第一步，可借助判空操作 StackEmpty 判断指定的操作栈是否为空，是，则出栈操作失败，返回 FALSE；第二步，在指定操作栈非空情况下，将其栈顶元素保存至指针形参 e；第三步，移动指定栈的栈顶指示器指向栈顶的后继元素单元，操作成功返回 TRUE。

算法可用 C 语言描述如下：

```
_Bool   Pop_DSQ (DSqStack   *DS, int   i, ElemType   *e){
    // 对参数 i 指定栈执行出栈操作
    if (StackEmpty_DSQ(DS, i)){      // 当指定栈为空
        printf("Stack %d empty!\n", i);
        return    FALSE;
    }//End_if
    if(! i)      // 指定栈 1
        *e = DS->stack[(DS->top[i])--];       // 保存栈顶元素后栈顶指示器减 1
    els     // 指定栈 2
        *e = DS->stack[(DS->top[i]) ++ ];     // 保存栈顶元素后栈顶指示器增 1
    return    TRUE;
}//End_Pop_DSQ
```

函数运行返回 FALSE 时失败，e 中的值无意义。

⑧ FreeStack 操作

双端栈所占向量空间和顺序栈一样，都是在编译阶段分配的，在程序运行期间其空间不被释放，因而回收双端栈中指定栈的操作过程和操作结果同清空双端栈操作 ClearStack 相同，此处不再赘述。

2.7.2 链栈实现

栈的链式存储结构又称链栈，和队列一样，也采用单链表结点存储结构。由于栈数据结构的操作只在栈顶进行，故循环单链表存储结构并不适用。通常，为了简化操作实现，链栈中也包含一个附加头结点。

1. 链栈定义

链栈中的元素结点类型定义同单链表结点完全相同，也采用单链表结点的 Node 和 LinkList 定义类型。

由于栈数据结构只允许在栈顶执行插入（进栈）和删除（出栈）操作，采用链栈存储结构实现时，为了方便操作，不妨将栈顶约定在栈链表的表头端，这样，头指针所指即为链栈的栈顶。由此，链栈的类型定义可用 C 语言描述为：

```
typedef struct {
    LinkList    top;
} LinkStack;
```

其中，指针成员 top 即链栈的头指针，所指结点为栈顶的附加头结点。

在 LinkStack 类型的链栈各基本操作对应的算法函数中，栈参数 S 均以指针形参方式定义。

2. 链栈基本操作的实现

（1）InitiateStack 操作

LinkStack 类型的链栈 S 的初始化操作是将 S 初始化为只包含头结点的空链栈。算法函数的核心语句是设置 S 的成员 top 指向一个新申请的头结点空间。

初始化算法函数通过参数传递链栈，无须返回值。其 C 语言描述如下：

```
void    InitiateStack_LS (LinkStack    *S){
    S->top = (LinkList) malloc(sizeof (Node));      // 申请链栈头结点的空间
    if(!(S->top)){        // 头结点空间申请失败
        printf("Space overflow!\n");
        return;
```

```
        }//End_if
        S->top->next=NULL;              //头结点的后继指针指向空地址
    }//End_InitiateStack_LS
```

（2）StackEmpty 操作

当链栈 S 和初始化状态一样时，S 为空栈。算法函数返回逻辑值，其 C 语言描述如下：

```
    _Bool   StackEmpty_LS (LinkStack   *S){
        return   S->top->next == NULL ? TRUE : FALSE;
    }//End_StackEmpty_LS
```

（3）StackLength 操作

同单链表求长度算法类似，求链栈 S 长度的算法的核心语句是统计链栈中的结点个数并返回。

算法的 C 语言描述如下：

```
    int   StackLength_LS (LinkStack   *S){
        Node  *p = S->top;            //指针变量 p 初始指向链栈栈顶的头结点
        int    count = 0;              //计数变量 count 同 p 所指结点对应，初值为 0
        //循环统计非空结点个数
        while( p->next ){
            p = p -> next;
            count++;
        }//End_while
        return   count;                //返回链栈中结点的统计结果，空表返回 0
    }//End_StackLength_LS
```

（4）ClearStack 操作

链栈 S 清空操作的执行结果是将 S 还原到初始化状态。算法的核心语句是循环将 S 中头结点的所有后继结点出栈并释放其空间。

算法函数通过指针参数传递，无须返回值。其 C 语言描述如下：

```
    void   ClearStack_LS (LinkStack   *S){
        Node *p = S->top->next ; //指针 p 初始指向链栈中第一个结点
        while(p){ //栈中存在待回收结点
            S->top->next = p->next ; //元素出栈
            free(p) ; //回收出栈元素结点所占空间
            p = S->top->next;//p 指向栈顶下一个待回收结点
```

}//End_while

}//End_ClearStack_LS

（5）GetTop 操作

链栈 S 的栈顶元素可通过 top 指针找到，算法函数返回取栈顶元素成功或失败的逻辑值。

算法步骤同样分两步：第一步，可先借助判空操作 StackEmpty 判断堆栈是否为空，是，则操作失败返回 FALSE；第二步，在堆栈非空情况下，取出 top 所指头结点的后继元素并保存至指针形参 e，操作成功返回 TRUE。

算法的 C 语言描述如下：

```
_Bool   GetTop_LS (LinkStack   *S, ElemType   *e){
    if (StackEmpty_LS(S)){
        printf("Stack empty!\n");
        return   FALSE;
    }//End_if
    *e = S->top->next->data;          // 取栈顶元素并保存至指针形参 e
    return   TRUE;
}//End_GetTop_LS
```

同样，函数运行返回 FALSE 时失败，e 中的值无意义。

（6）Push 操作

进栈操作将元素 e 插入链栈 S 的栈顶，申请结点空间失败时进栈操作无法进行，考虑函数通用性，其返回值类型仍为逻辑值。若申请空间成功，将元素 e 结点插入头结点之后，操作成功返回 TRUE。

算法的 C 语言描述如下：

```
_Bool   Push_LS (LinkStack   *S, ElemType   e){
    Node *p = (LinkList) malloc(sizeof (Node));          // 申请新结点的空间
    if(!p){          // 结点空间申请失败
        printf("Space overflow!\n");
        return FALSE;
    }//End_if
    // 设置新结点 p 的值域和指针域
    p->data = e;
    p->next = S->top->next;
    // 将新结点链接到栈顶
```

```
            S->top->next = p;
        return    TRUE;
    }//End_Push_LS
```

(7) Pop 操作

链栈栈顶元素的出栈算法首先可借助判空操作 StackEmpty 判断堆栈是否为空，是，则函数返回 FALSE；否则，通过指针形参 e 保存栈顶元素值，然后将栈顶结点出栈并回收其所占空间。

算法的 C 语言描述如下：

```
_Bool   Pop_LS (LinkStack   *S, ElemType   *e){
        if (StackEmpty_LS(S)){
            printf("Stack empty!\n");
            return    FALSE;
        }//End_if
        Node   *p = S->top->next;       // 指针 p 指向栈顶结点
        *e = p->data;           // 栈顶元素值保存至指针形参 e
        S->top->next = p->next;         // 栈顶结点出栈
        free(p);
        return    TRUE;
    }//End_Pop_LS
```

函数运行返回 FALSE 时失败，e 中的值无意义。

(8) FreeStack 操作

回收链栈操作是将其所占空间包括头结点在内全部释放。算法的核心语句是循环删除并释放链栈中的全部结点所占空间。

算法函数无须返回值，其 C 语言描述如下：

```
void   FreeStack_LS (LinkStack   *S){
        Node   *p = S->top->next;       // 指针 p 初始指向栈顶结点
        while(p){       // 栈中存在待回收结点
            S->top->next = p->next;
            free(p);            // 栈顶结点出栈并释放其所占空间
            p = S->top->next;          //p 指向栈顶下一个待回收结点
        }//End_while
        free(S->top);               // 释放头结点所占空间
    }//End_FreeStack_LS
```

2.7.3　堆栈基本操作实现的算法评价

下面对采用顺序栈和链栈两种不同存储结构实现堆栈的基本操作时，前述算法实现的特点以及适合选用的存储结构给出对比分析。

1. 初始化操作 InitiateStack

无论采用顺序存储结构还是链式存储结构实现，该操作算法的时间复杂度均为常数阶 $T(n)=O(1)$。

从空间分配角度来看，顺序栈无论单栈还是双端栈，其所占空间均在编译阶段分配，而在整个程序运行期间空间固定不变，因此在执行初始化操作时，只需要设置栈顶指示器指向空栈时的约定下标单元即可；而链栈中结点所占空间是在程序运行期间动态分配的，初始化时还需要申请一个附加头结点的空间。

此外，初始化操作的执行目的主要是配合实现队列的其他操作，单独执行没有意义，因而选用哪种存储结构取决于需要配合执行的操作。

2. 判空操作 StackEmpty

该操作采用顺序栈和链栈时，算法的思路一致，核心语句实现时的区别取决于存储结构的约定以及所定义的类型。特别是双端栈还需要有针对性地进行判空，因而其算法函数的参数中还需要额外设置一个用于指定判空对象的参数。但无论采用前述哪种存储结构实现，该操作算法的时间复杂度均为常数阶 $T(n)=O(1)$。

判空操作通常也是配合堆栈的某些主要操作实现，因而所选用的存储结构同样取决于配合执行的操作。

3. 求堆栈长度操作 StackLength

顺序栈无论单栈还是双端栈，其长度均可通过 top 成员求得，需要注意的是采用双端栈实现时，也需要指明所求长度针对哪个栈进行，其算法的时间复杂度均为常数阶，即 $T(n)=O(1)$；采用链栈实现时，求长度需要统计链栈中结点的个数，则算法的时间复杂度是问题规模 n 的线性函数，即 $T(n)=O(n)$。

实际运用中，求堆栈长度操作通常是配合某些操作判断是否满足在堆栈的范围以内执行，因而该算法实现所采用的存储结构同样取决于配合执行的操作所选用的存储结构方案。

4. 清空操作 ClearStack

顺序栈空间预置，运行期间固定不变，清空时，仅需要直接设置 S 的 top 成员指向空栈所对应单元即可（采用双端栈时，设置指定端的栈顶指示器即可），因而算法的时间复杂度为 $T(n)=O(1)$；链栈清空时，由于结点空间在运行期间动态分配，需要考虑堆栈中结点空间的回收，因而算法的时间复杂度为问题规模 n 的线性函数，即 $T(n)=O(n)$。

清空操作的执行目的，是在配合完成堆栈的某个主要操作过程中，作为一项必备的善后处理，因而存储结构的选用同样取决于所配合执行的操作。

5. 取栈顶元素操作 GetTop

由于堆栈的后进先出特性，所取元素通常是栈顶元素。

该操作的算法实现首先借助调用 StackEmpty 操作进行堆栈的判空操作（采用双端栈存储结构时，需要有针对性，即参数中指定要取元素的栈），当堆栈非空时，可直接通过 top 指示器或附加头结点的 next 指针找到栈顶元素，而 StackEmpty 操作对应的算法的时间复杂度都为常数阶，因而无论采用哪种存储结构，算法的时间复杂度均为常数阶 $T(n)=O(1)$。

在实际应用中，取栈顶元素操作在配合其他操作实现（比如算符优先级比较、括号匹配等）时，由于其算法的时间复杂度无论采用哪种存储结构均为常数阶，对整个程序的时间复杂度不会产生较大的影响，因此其存储结构的选择通常可配合堆栈的其他操作进行。

6. 进栈／出栈操作 Push／Pop

堆栈的插入（进栈 Push）和删除（出栈 Pop）操作均在栈顶一端进行，同线性表对比，设计这类算法时省略了定位的步骤。

采用顺序存储结构实现时，由于空间预置固定，算法设计首先需对"空间溢出"情况进行判定，即是否在执行进栈操作时空间已满和对空栈进行出栈操作（双端栈存储结构下同样需要有针对性地进行判断）；采用链栈实现时，由于空间动态分配，则进栈时空间申请失败和对空栈的出栈操作属于溢出失败情况。该判定步骤采用不同存储结构时的语句频度均为常数。

在空间不会产生溢出的情况下，根据相应操作完成赋值后，修改对应的指示器或若干指针确保堆栈的连续性即可，这部分操作采用不同存储结构实现时的语句频度也为常数。

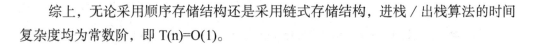

综上，无论采用顺序存储结构还是采用链式存储结构，进栈／出栈算法的时间复杂度均为常数阶，即 T(n)=O(1)。

7. 回收操作 FreeStack

由于顺序栈所占空间在编译阶段预置，无法在运行期间动态回收，因而对于顺序栈来说，回收空间操作可由清空操作 (ClearStack) 代替。

链栈空间回收算法的核心语句是循环删除并释放链栈中包括头结点在内的所有结点，因此算法的时间复杂度取决于循环语句的语句频度，是问题规模 n 的线性函数，即 T(n)=O(n)。

就操作目的而言，回收栈空间操作是在配合完成堆栈的其他主要操作过程中，作为一项必备的善后处理，因而算法存储结构的选用取决于所配合执行的操作所采用的存储结构。

综上所述，顺序栈存储结构下实现堆栈各基本操作的算法时间复杂度均为常数阶，而链栈存储结构下对求长度、清空以及空间回收等操作实现的算法时间复杂度为线性阶，若不考虑出现"空间上溢"情况的相对可能性较高的话，采用顺序存储结构实现各基本操作的算法不但时间效率更高，空间利用率也比链式存储结构要高。因而对于堆栈来说，顺序存储结构无论从时间上考虑还是空间上考虑，均比链式存储结构更具优势。

2.8 串

计算机非数值处理的对象多为字符串数据。早期程序设计语言中，字符串作为输入输出的常量，随着语言加工程序的发展，产生了字符串处理。

现今使用的计算机的硬件结构主要反映数值计算的需要，因此，在处理字符串数据时比处理整数和浮点数要复杂。而且在不同类型的应用中所处理的字符串具有不同的特点，要有效实现字符串的处理，必须根据具体情况使用合适的存储结构。

串是一种特殊的线性表，它的结点仅由一个字符组成，即串逻辑结构的数据对象约束为字符集，字符间的关系和线性表元素间的关系相似，但串的基本操作和线性表有很大差别：线性表基本操作中大多以单个元素作为操作对象，而串的基本操作中通常以串整体作为操作对象。

串逻辑结构的抽象数据类型三元组 ADT String = (D, R, P) 的定义如下：

ADT String{

 数据对象: D = { a_i|a_i ∈ CharacterSet, i=1,2,…,n, n ≥ 0 }

 数据关系: R = { ⟨a_i,a_{i+1}⟩|a_i,a_{i+1} ∈ D_0 , i=1,2,…,n-1 }

 P 集合中的基本操作:

  StringAssign(&T, chars)

   操作前提: chars 是字符串常量。

   操作结果: 生成一个其值等于 chars 的串 T。

  StringCopy(&T, S)

   操作前提: 串 S 已存在。

   操作结果: 由串 S 复制得串 T。

  StringEmpty (S)

   操作前提: 串 S 已存在。

   操作结果: 若 S 为空串, 返回 TRUE, 否则返回 FALSE。

  StringCompare(S, T)

   操作前提: 串 S、T 已存在。

   操作结果: 若 S > T, 返回值 > 0; 若 S=T, 返回值 =0; 若 S < T, 则返回值 < 0。

  StringLength(Q)

   操作前提: 串 S 已存在。

   操作结果: 返回 S 中字符的个数, 即串长。

  ClearString(&S)

   操作前提: 串 S 已存在。

   操作结果: 将 S 清为空串。

  Concat(&T, S1, S2)

   操作前提: 串 S1、S2 已存在。

   操作结果: 用指针 T 返回 S1 和 S2 连接后的新串。

  SubString(&Sub, S, pos, len)

   操作前提: 串 S 已存在。1 ≤ pos ≤ StrLength(S) 且 0 ≤ len ≤ StrLength(S)-pos+1。

   操作结果: 用指针 Sub 带回串 S 的第 pos 个字符起长度为 len 的子串。

  Index(S, T, pos)

   操作前提: 串 S、T 已存在且 T 非空串, 且 1 ≤ pos ≤ StrLength (S)。

   操作结果: 通常称字符在序列中的序号为该字符在串中的位置。

子串在主串中的位置则以子串的第一个字符在主串中的位置来表示。该操作若主串 S 中存在和串 T 值相同的子串，则返回它在主串 S 中第 pos 个字符之后第一次出现的位置；否则函数值为 0。

Replace(&S, T, V)

　　操作前提：串 S、T、V 已存在且 T 非空串。

　　操作结果：用 V 替换主串 S 中出现的所有与子串 T 值相等的不重叠子串。

StringInsert(&S, T, pos)

　　操作前提：串 S、T 已存在，且 $1 \leq pos \leq StrLength(S) + 1$。

　　操作结果：在串 S 的第 pos 个字符之前插入串 T。

StringDelete(&S, pos, len)

　　操作前提：串 S 已存在。$1 \leq pos \leq StrLength(S)$ 且

　　　　　　　$0 \leq len \leq StrLength(S) - pos + 1$。

　　操作结果：在串 S 中删除第 pos 个字符起长度为 len 的子串。

FreeString(&S)

　　操作前提：串 S 已存在。

　　操作结果：释放 S 所占空间。

} ADT String

ADT 定义的字符间关系仍以序偶对表示。基本操作中，串赋值 StrAssign、串比较 StrCompare、求串长 StrLength、串连接 Concat 和求子串 SubString 五种操作构成串类型的最小操作子集。其他操作可以借助最小操作子集中的一些操作组合完成部分操作步骤。例如可利用判等、求串长和求子串等操作实现定位函数 Index。

2.9　串的表示与基本操作的实现

　　如果在程序设计中，串只作为输入或输出的常量出现，则只需存储此串的串值即可。但在多数非数值处理程序中，串也以变量形式出现。串的逻辑结构属于线性结构，但串基本操作同线性结构区别较大，一般采用三种机内表示方法，下面分别对串各基本操作采用不同存储结构的算法实现加以分析。

2.9.1 定长顺序串

类似线性表的顺序存储结构，串的定长顺序存储表示，也称串的静态存储分配顺序表，是用一组连续的存储单元来存放串中的字符序列。所谓定长顺序存储结构，是直接使用定长的字符数组来定义。

1. 顺序串定义

串的定长顺序存储按照预定义大小，为每个定义的串变量分配一个固定长度的存储区。顺序串类型定义可用 C 语言描述如下：

typedef　unsigned char　SString[MAX+1];// MAX 为顺序串空间的最大值

对串长有两种表示方法：一种是使用一个不会出现在串中的特殊字符在串值的尾部来标记串的结束。例如，C 语言中以字符 '\0' 表示串值的结束，必须留一个字节来存放 '\0' 字符。另一种是用一个整数来标记串的长度。这里采用第二种方式，为了方便实现求串长等操作，约定 SString 类型的 0 下标单元用于存储串的长度。

2. 顺序串基本操作的实现

（1）StringAssign 操作

串赋值操作的执行结果是将 T 赋值为常量 chars 的值。算法设计需要考虑以下几点：

• 函数的返回值：常量串 chars 赋值给串参数 T，算法函数无须返回值。

• 算法关键操作步骤分析：

　　① 由于顺序串赋值时，函数的常量串是在调用函数时给定的，其字符序列及长度均取决于调用函数的实参。而 C 语言一般采用字符数组存储字符串常量，因此该函数采用指针形参传递实参串常量。

　　② 由于 C 语言中常量字符串系统自动添加 '\0' 字符结束，因而循环终止条件的判定是字符是否为 '\0'。

　　③ 由于顺序串中字符序列按单个字符顺序存放，因此算法函数的核心语句是借助循环将常量字符串中的字符逐一赋值到串 T 的对应单元中。

算法函数可用 C 语言描述如下：

```
void StringAssign_SQ (SString　T, char　*chars){
    int i=0;
    while(chars[i]!= '\0'){
        T[i+1] = chars[i];          // 将常量串的字符序列对应赋值给串 T
        i++;
```

```
}//End_while
    T[0] = i;          // 串长值保存到 T 的 0 下标单元
}//End_StringAssign_SQ
```

（2）StringCopy 操作

该操作的执行结果是由串 S 复制得到串 T。算法核心语句是循环将字符串 S 中的字符逐一赋值到串 T 的对应单元中。

算法函数的串 T 参数地址传递，函数无须返回值。其 C 语言描述如下：

```
void StringCopy_SQ (SString   T, SString   S){
    for(int i=0;i<=S[0];i++)              //i 在串 S 长度范围内
        T[i] = S[i];          // 将串 S 的串长和串值赋值给串 T
}//End_StringCopy_SQ
```

（3）StringEmpty 操作

串 S 是否为空可直接通过判断其 0 下标的串长是否为 0 得知，因此判空操作算法的核心语句是判断 S 的 0 下标单元的值。空，返回 TRUE，否则返回 FALSE，则算法函数返回逻辑值。

算法的 C 语言描述如下：

```
_Bool   StringEmpty_SQ (SString   S){
    return   S[0] == 0 ? TRUE : FALSE;
}//End_StringEmpty_SQ
```

（4）StringCompare 操作

该操作比较串 S 和串 T 的大小。

两个串相等，当且仅当这两个串的值相等，即两个串的长度相等，并且各个对应位置的字符也都相等。串比较操作的算法设计需要考虑以下几点：

· 函数的返回值：

算法的执行结果：若 S＞T，函数返回值大于 0；若 S＝T，函数返回为 0 值；若 S＜T，则函数返回值小于 0。算法的核心语句是循环将两串的各对应字符相减，并返回其差值或 1、0、-1。为统一起见，这里约定函数的返回值为 1、0、-1，即函数返回整型值。

· 算法的关键操作步骤：

① 循环将两串对应字符逐对相减，根据对应字符差值确定函数的返回值。差值为 0 则循环继续。

② 当对应字符差值不为零时，根据结果的正负数返回 1 或 -1。

③ 若已到达其中一个串的结尾，则比较两串长度，相等则返回 0，否则根据

长度之差返回 1 或 -1。

算法函数可用 C 语言描述如下：

```
int    StringCompare_SQ (SString S, SString T){
    for (int i=1; i<=S[0]&& i<=T[0]; i++){        // 在两串字符序列内循环
        int    c = S[i]-T[i];          // 对应字符 ASCII 码相减
        if (c!=0)          // 对应字符不同时直接返回比较结果
            return    c>0? 1:-1;
    }//End_for
    // 若两串对应字符均相同
    if(i<=S[0])        // 串 S 较长时返回 1
        return 1;
    else if(i<=T[0])        // 串 T 较长时返回 -1
        return -1;
    else        // 两串长度相等时返回 0
        return 0;
}//End_StringCompare_SQ
```

（5）StringLength 操作

求串长操作返回串 S 中字符的个数。根据定长顺序串的存储结构约定，串的长度值存储在向量的 0 下标单元中，因此算法的核心语句是返回 S 的 0 下标单元的值。

算法函数返回整型值，其 C 语言描述如下：

```
int    StringLength_SQ (SString    S){
    return    S[0];
}//End_StringLength_SQ
```

（6）ClearString 操作

定长顺序串是串的一种顺序存储结构，清空操作可直接使串 S 的长度归零即可，即使 S 中仍存在字符。因此，算法的核心语句是将 S 向量的 0 下标单元的值置为 0。

算法函数无须返回值。其 C 语言描述如下：

```
void    ClearString_SQ (SString    S){
    S[0] = 0;
}//End_ClearString_SQ
```

（7）Concat 操作

串连接操作用串 T 返回 S1 和 S2 连接后的新串。

算法需要考虑以下几个关键问题：

- 函数的返回值：连接后的新串通过形参 T 带回，算法函数无须返回值。
- 算法的关键操作步骤：

　① 连接串的串长为两串长度之和，故 T 向量的 0 下标单元为 S1 和 S2 向量
　　 0 下标单元的值之和。

　② 循环将 S1 和 S2 向量中的字符序列先后赋值给 T 向量的对应单元。

算法的 C 语言描述如下：

```c
void    Concat_SQ (SString    T, SString S1, SString S2){
    T[0] = S1[0]+S2[0];
    in    i = 1;
    for(; i<=S1[0];i++)
        T[i] = S1[i];        //S1 中的字符串先保存至形参 T
    for(int j = 1;j<=S2[0]; j++)
        T[i++] = S2[j];        //S2 中的字符串追加保存至形参 T
}//End_Concat_SQ
```

（8）SubString 操作

该操作将串 S 的第 pos 个位置起长度为 len 的子串由参数 Sub 带回。

算法需要考虑以下几个关键问题：

- 函数的返回值：当不满足 $1 \leqslant pos \leqslant StrLength(S)$ 且 $0 \leqslant len \leqslant StrLength(S)-pos+1$
时，取子串操作无法执行，则函数应返回一个逻辑值，成功返回 TRUE，否则返回
FALSE。

- 算法的关键操作步骤：

　① 由于定长顺序串约定 S 的长度可直接通过 S[0] 得知，因此调用 StrLength
　　 操作求串长因函数调用及返回机制的约束而显得繁琐，因而判断条件中
　　 的 StrLength(S) 可由 S[0] 代替。条件不满足则返回 FALSE。

　② 当参数满足取子串的条件时，将 S 中第 pos 个字符起长度为 len 的子串
　　 逐字符赋值给形参 Sub，返回 TRUE。

算法的 C 语言描述如下：

```c
_Bool    SubString_SQ (SString    Sub, SString S, int pos, int    len){
    if(pos<1|| pos>S[0]){        // 子串指定的起始位置不合理
        printf("The start of substring is out of range!\n");
        return FALSE;
    }//End_if
    if(len<0||len>S[0]-pos+1){    // 子串的指定长度无效
```

```
        printf("The length of substring is unreasonable!\n");
        return FALSE;
    }//End_if
    // 将 S 中从 pos 起的连续 len 个字符对应赋值给子串 Sub 的相应单元
    for(int i=1;i<=len;i++)
        Sub[i] = S[pos+i-1];
    Sub[0] = len;          // 保存子串串长
    return    TRUE;
}//End_SubString_SQ
```

（9）Index 操作

该操作又称串的模式匹配，是在串 S 的第 pos 个位置之后定位非空子串 T。算法需要考虑以下几个关键问题：

• 函数的返回值：若主串 S 中存在和串 T 值相同的子串，则返回它在主串 S 中第 pos 个字符之后第一次出现的位置；否则函数值为 0。因此，函数应返回一个整型值。

• 算法的关键操作步骤：

① 借助取子串操作 SubString，在主串 S 中取从第 i（i 的初值为 pos）个字符起、长度和 T 相等的子串；

② 借助串比较操作 StrCompare，将第①步所取子串与串 T 进行比较，若相等，则函数返回值为 i；

③ 否则，i 值增 1，流程转到第①步。

④ 重复①～③步直至 S 中不存在和串 T 相等的子串为止，定位失败返回 0。

算法的 C 语言描述如下：

```
int   Index_SQ (SString  S, SString  T, int  pos){
    int   s = S[0], t = T[0];          //s 为主串长度，t 为子串长度
    SString Sub;          // 变量 Sub 用于保存主串 S 中求得的子串
    for(int i = pos; i <= s-t+1;){          // 在 S 中 pos 处起取子串
        SubString_SQ( Sub, S, i, t);
        if (StrCompare_SQ(Sub, T)!= 0)          // 当子串和 T 不相等时继续
            ++ i;
        else   return  i;          // 匹配成功返回子串位置 i
    }//End_for
    return  0;          // 定位失败返回 0
```

}//End_Index_SQ

（10）Replace 操作

该操作将主串 S 中出现的所有与非空串 T 值相等的不重叠子串用串 V 替换。算法需要考虑以下几个关键问题：

• 函数的返回值：若主串 S 中不存在与非空串 T 值相等的不重叠子串，替换操作无法执行，则函数应返回一个逻辑值，替换成功返回 TRUE，否则返回 FALSE。

• 算法的关键操作步骤：

① 从主串 S 的起始位置开始，在串 S 的长度范围内，借助串的模式匹配操作 Index 在主串 S 中定位子串 T 的首次出现位置，若定位失败，则返回 FALSE。

② 定位成功，则将该位置之前的字符依次暂存到临时串 U 中，然后将替换串 V 中字符序列依次存到 U 中。

③ 从第 ② 步所定位置加串 T 长度起，转步骤 ① 继续。

④ 重复①～③步至全部替换完成。

⑤ 若主串仍有剩余字符，则追加至新串结尾。

⑥ 修改临时串 U 的串长后，将 U 中的串保存到串 S 中，返回 TRUE。

算法的 C 语言描述如下：

```
_Bool   Replace_SQ (SString   S, SString   T, SString   V){
    int p = Index_SQ(S,T,1);          //p 的初值为子串 T 首次出现在主串中的下标
    if(!p){   //S 中不存在子串 T 时操作失败
        printf("String \"%s\" does not exist in string \"%s\"!\n",T,S);
        return FALSE;
    }//End_if
    SString U;      // 临时串 U 用于暂存替换后的新串
    int   i = j = 1;   // 变量 i、j 分别用作 S、U 串的下标，初值均从 1 开始
    while(i<=S[0]&&p>0&&p <= S[0]-T[0]){
        //将主串 S 中位于子串 T 之前的字符依次复制到临时串 U 中
        while(i<p)      U[j++] = S[i++];
        //用串 V 替换原子串 T 复制到临时串 U 中
        for(int k=1;k<=V[0];k++)      U[j++] = V[k];
        i = i+T[0];
        p = Index_SQ(S,T,i);              // 继续在替换处之后定位 T
        if(!p)      break;
    }//End_while
```

// 将主串 S 中的其余字符复制到临时 U 的结尾

```
while(i<=s[0])      U[j++] = S[i++];
U[0] = j-1;              // 新串的串长
// 临时串 U 中暂存的新串复制到 S 中
while(j=0;j<=U[0];j++)      S[j] = U[j];
return   TRUE;
}//End_Replace_SQ
```

（11）StringInsert 操作

该操作在主串 S 中第 pos 个字符之前插入串 T。算法需要考虑以下几个关键问题：

· 函数的返回值：当不满足 $1 \leqslant pos \leqslant StrLength(S) +1$ 时，插入操作无法执行，则函数应返回一个逻辑值，成功返回 TRUE，否则返回 FALSE。

· 算法的关键操作步骤：

① 由于定长顺序串约定 S 的长度可直接由 S[0] 得知，因此判断条件中借助操作 StrLength 实现求串长同样可由 S[0] 代替。条件不满足则返回 FALSE。

② 定长顺序串的字符序列是连续存储的，对于插入操作而言，需要首先通过字符后移，将待插入串的空间空出来。该步骤操作同线性表不同之处在于，字符顺次后移时的移动跨度取决于待插入串 T 的长度，而不是 1。

③ 从 pos 开始在空出的单元中插入串 T。

④ 修改串长为原串长加上插入串长，返回 TRUE。

算法的 C 语言描述如下：

```
_Bool   StringInsert_SQ (SString   S, SString   T, int   pos){
    if(pos<1|| pos>S[0]+1){
        printf("The insert position out of range!\n");
        return FALSE;
    }//End_if
    for(int i=S[0]; i>=pos; i--)   //pos 之处起的其余字符顺次后移 T[0] 步长
        S[i+T[0]] = S[i];
    for(int i=1; i<=T[0]; i++)      // 在 pos 处顺次插入串 T
        S[pos+i-1] = T[i];
    S[0] = S[0]+T[0];          // 修改原串长
    return   TRUE;
}//End_StringInsert_SQ
```

（12）StringDelete 操作

该操作在主串 S 中删除第 pos 个字符起长度为 len 的子串。算法需要考虑以下几个关键问题：

• 函数的返回值：当不满足 $1 \leqslant pos \leqslant StrLength(S)-len$ 时，插入操作无法执行，则函数应返回一个逻辑值，成功返回 TRUE，否则返回 FALSE。

• 算法的关键操作步骤：

　　① 首先判断 pos 位置是否合理，不合理，则返回 FALSE。

　　② 定长顺序串的字符序列是连续存储的，对于删除操作而言，需要将后继字符顺次前移。该步骤操作同线性表不同之处在于，字符顺次前移时的移动跨度为指定长度 len 而不是 1。

　　③ 修改串长为原串长减去 len，返回 TRUE。

算法的 C 语言描述如下：

```
_Bool   StringDelete_SQ (SString   S, int   pos, int   len){
    if(pos<1|| pos>S[0]){
        printf("The delete position out of range!\n");
        return FALSE;
    }//End_if
    // 将 pos+len 之处起的其余字符顺次前移 len 步长
    for(int i= pos; i<= S[0]-len; i++)        S[i] = S[i+len];
    S[0] = S[0]-len;            // 修改原串长
    return    TRUE;
}//End_StringDelete_SQ
```

（13）FreeString 操作

定长顺序串和顺序表一样，所占向量空间是在编译阶段分配的，在程序运行期间其空间不被释放，因而回收串空间的操作过程和操作结果同清空串一样，具体算法实现参见前述串清空操作 ClearString，此处不再赘述。

2.9.2　堆串

类似线性表的静态链表存储结构，堆串仍用一组地址连续的足够大的存储单元存储串字符序列，但各串的存储空间在程序执行过程中动态分配，所以也称为动态存储分配的顺序表。

1. 堆串定义

C 语言中的堆存储区可由动态分配函数 malloc 和 free 来管理。为了操作方便，定义堆串类型时，同时给定串长。堆串类型定义可用 C 语言描述如下：

```
typedef struct{
    char  *ch;    // 若是非空串，则按串长分配存储区，否则 ch 为 NULL
    int   len;    // 串长成员变量
}HeapString;
```

由于存储串字符序列的空间地址由字符指针成员 ch 指向，而 C 语言中的向量空间单元下标从 0 开始，因而字符序列从 0 下标单元开始存放。

2. 堆串基本操作的实现

（1）StringAssign 操作

采用堆存储结构的串赋值操作将堆串 T 赋值为常量 chars 的值。算法设计需要考虑以下几点：

• 函数的返回值：函数通过常量串参数 chars 赋值给串参数 T，算法函数无须返回值。

• 算法关键操作步骤分析：

    ① 和定长顺序串的串赋值操作一样，函数的常量串是在调用函数时给定的，而 C 语言一般采用字符数组存储字符串常量，因此该函数采用指针形参传递实参串常量。

    ② 首先释放原串 T 所占空间。

    ③ 借助循环统计常量串的长度，为串 T 重新申请常量串长度大小的空间。

    ④ 借助循环将常量字符串中的字符逐一赋值到串 T 的对应单元中。

算法函数可用 C 语言描述如下：

```
void StringAssign_HS (HeapString  *T, char  *chars){
    if(T->ch)  free(T->ch);        // 释放 T 串原有空间
    int c=0;
    // 循环统计常量串的长度
    while(chars[c]!= '\0')    c++;
    T->len = c;    // 记录串长
    T->ch = (char *)malloc(sizeof(char)*c);    // 申请 T 串新空间
    for(int i; chars[i]!= '\0' ; i++)    // 将常量串的字符序列对应赋值给串 T
```

```
                    T->ch[i] = chars[i];
}//End_StringAssign_HS
```

（2）StringCopy 操作

该操作的执行结果是由串 S 复制得到串 T。算法设计需要考虑以下几点：

• 函数的返回值：算法函数通过参数串 S 复制给指针参数串 T，函数无须返回值。

• 算法关键操作步骤分析：

① 首先释放原串 T 所占空间；

② 以串 S 长度重新申请串 T 的空间；

③ 借助循环将串 S 中的字符逐一赋值到串 T 的对应单元中。

算法函数可用 C 语言描述如下：

```
void StringCopy_HS (HeapString    *T, HeapString    S){
    if(T->ch)        free(T->ch);        // 释放 T 串原有空间
    T->ch = (char *)malloc(sizeof(char) *S.len);        // 申请 T 串新空间
    T->len = S.len;        // 将 S 的串长作为 T 的串长
    //i 在串 S 长度范围内时，将串 S 的字符序列赋值给串 T
    for (int i=0; i<S.len; i++)
        T->ch[i] = S.ch[i];
}//End_StringCopy_HS
```

（3）StringEmpty 操作

堆串存储结构中的串长度通过成员变量 len 记录，因而堆串 S 是否为空可直接通过判断其成员变量 len 是否为 0 得知。当 len 成员为 0，返回 TRUE，否则返回 FALSE，则算法函数返回逻辑值。

算法的 C 语言描述如下：

```
_Bool    StringEmpty_HS (HeapString    S){
    return    S.len == 0 ? TRUE : FALSE;
}//End_StringEmpty_HS
```

（4）StringCompare 操作

采用堆串存储结构的两个串的比较操作和采用定长顺序串的比较操作需要考虑的算法步骤大致相同，各步骤操作的不同之处主要有以下几点：

① 堆串的 C 语言描述中字符序列的存储下标从 0 开始。

② 堆串串长由 len 成员标记且串尾无结束字符。

③ 堆串字符序列存储在成员 ch 所指的向量中。

综上，算法函数可用 C 语言描述如下：

```
int    StringCompare_HS (HeapString S, HeapString T){
    for (int i=0; i<S.len && i<T.len; i++){      // 在两串字符序列范围内循环
        int   c = S.ch[i]-T.ch[i];      // 对应字符 ASCII 码相减
        if (c!=0)    return   c>0? 1:-1;      // 对应字符不同则直接返回比较结果
    }//End_for
    // 若两串对应字符均相同
    if(i<S.len)   // 两串中串 S 较长时返回 1
        return 1;
    else if(i<T.len)      // 两串中串 T 较长，则返回 -1
        return -1;
    else   // 两串长度相等时返回 0
        return 0;
}//End_StringCompare_HS
```

（5）StringLength 操作

根据堆串的存储结构约定，串的长度由其 len 成员记录，因此求串长操作算法的核心语句是返回 S 的 len 成员的值。

算法函数返回整型值，其 C 语言描述如下：

```
int    StringLength_HS (HeapString    S){
    return   S.len;
}//End_StringLength_HS
```

（6）ClearString 操作

堆串的清空操作同定长顺序串不同之处在于，除了使串 S 的长度归零外，还需要动态释放堆串动态分配的向量空间。因此，算法的核心语句除了将 S 的 len 成员的值置为 0 外，还需要调用 C 语言的 free 函数释放成员 ch 所占的串空间。

算法函数无须返回值，其 C 语言描述如下：

```
void    ClearString_HS (HeapString    *S){
    S->len = 0;
    free(S->ch);      // 释放 S 串原空间
}//End_ClearString_HS
```

（7）Concat 操作

堆串的连接操作和定长顺序串步骤类似，但具体操作实现需考虑以下几点不同：

① 堆串的串长通过 len 成员表示。

② 连接串形参变量 T 的 ch 成员原先可能已分配空间，需要先释放其原有空间，并为其重新分配连接串操作后所需的空间（长度为 S1.len+S2.len）。

③ 串字符序列从向量 ch 的 0 下标单元开始存储，循环复制时需注意修改下标。

算法的 C 语言描述如下：

```
void   Concat_HS (HeapString  *T, HeapString S1, HeapString S2){
    T->len = S1.len+S2.len;
    if(T->ch)       free(T->ch);        // 释放 T 串原有空间
    T->ch = (char *)malloc(sizeof(char)*T->len);        // 申请 T 串新空间
    int   i = 0;
    for(;i<S1.len;i++)      // 字符串 S1 先保存至形参 T
        T->ch[i] = S1.ch[i];
    for (int j = 0;j<S2.len; j++)    // 将字符串 S2 追加保存至形参 T
        T->ch[i++] = S2.ch[j];
}//End_Concat_HS
```

（8）SubString 操作

堆串存储结构的取子串操作同定长顺序串类似，具体操作实现有以下两点区别：

① 堆串的字符序列从向量 ch 的 0 下标单元开始存储，因而判定条件应修改为 $0 \leqslant pos < StrLength(S)$ 且 $0 \leqslant len \leqslant StrLength(S)-pos+1$。

② 堆串的长度通过 len 成员求得。

③ 形参 Sub 若有已分配空间，则首先释放成员 ch 的原有空间，并重新为其分配长度为 len 的空间。

算法的 C 语言描述如下：

```
_Bool   SubString_HS (HeapString   *Sub, HeapString S, int pos, int   len){
    if(pos<0|| pos>=S.len){     // 子串指定的起始位置不合理
        printf("The start of substring is out of range!\n");
        return FALSE;
    }//End_if
    if(len<0||len>S.len-pos+1){        // 子串的指定长度无效
        printf("The length of substring is unreasonable!\n");
        return FALSE;
    }//End_if
    if(Sub->ch)    free(Sub->ch);      // 释放 Sub 串原有空间
```

```
        Sub->ch = (char *)malloc(sizeof(char)*len);        // 申请 Sub 串新空间
        //将 S 中从 pos 起的连续 len 个字符对应赋值给子串 Sub 的相应单元
        for(int i=0;i<len;i++)
                Sub->ch[i] = S.ch[pos+i-1];
        Sub->len = len;            // 保存子串串长
        return    TRUE;
}//End_SubString_HS
```

（9）Index 操作

堆串的模式匹配同定长顺序串操作步骤大致相同，具体操作实现存在以下区别：

①堆串的长度通过成员变量 len 求得。

②堆串的字符序列从向量 ch 的 0 下标单元开始存储，因而 for 语句的判定条件改为 i<= s-t。另外，将定位失败时的返回值由 0 改为 -1。

算法的 C 语言描述如下：

```
        int    Index_HS (HeapString    S, HeapString    T, int    pos){
        int    s = S.len, t = T.len;            //s 为主串长度，t 为子串长度
        HeapString Sub;            // 变量 Sub 用于保存主串 S 中求得的子串
        for(int i = pos; i <= s-t;){            // 在 S 中 pos 处起取子串
                SubString_HS( Sub, S, i, t);
                if (StrCompare_HS(Sub, T)!= 0)            // 当子串和 T 不相等时继续
                        ++ i;
                else    return    i;            // 匹配成功返回子串位置 i
        }
        return    -1; // 定位失败返回 -1
}//End_Index_HS
```

（10）Replace 操作

堆串的串替换操作类似定长顺序串存储结构，具体操作实现同样需要注意以下几点：

①堆串的长度通过成员变量 len 求得。

②堆串的字符序列从向量 ch 的 0 下标单元开始存储。

③Index 操作的返回值从 0 改为 -1，从而定位失败的判断条件改为小于 0。

④临时串直接通过字符指针变量指向，在临时分段存储字符串时，首先为其分配一个足够大的空间（空间个数最大值为 S.len*V.len/T.len），并在完成向 S 复制字符串后动态释放其所占空间。

算法的 C 语言描述如下：

```
_Bool   Replace_HS (HeapString  *S, HeapString   T, HeapString   V){
    int p = Index_HS(*S,T,1);   //p 初值为子串 T 首次出现在主串中的下标
    if(p<0){         // 当 S 中不存在子串 T 时操作失败
        printf("String   \"%s\" does not exist in string \"%s\"!\n",T,S);
        return FALSE;
    }//End_if
    char   *TS;         // 指针 TS 用于临时指向替换后生成的新串
    // 为临时串申请足够大的空间
    TS = (char *)malloc(sizeof(char)*S->len*V.len/T.len);
    int   i = j = 0;// 变量 i、j 分别用作 S、TS 串的下标，初值均从 0 开始
    while(i<S->len&&p>=0&&p < S->len-T.len){
        // 将主串 S 中位于子串 T 之前的字符依次复制到临时串 TS 中
        while(i<p)       TS[j++] = S->ch[i++];
        // 用串 V 替换子串 T 复制到临时串 TS 中
        for(int k=0;k<V.len;k++)       TS[j++] = V.ch[k];
        i = i+T.len;
        p = Index_HS(*S,T,i);         // 继续在替换处之后定位 T
        if (p<0)    break;
    }//End_while
    // 将主串 S 其余字符复制到临时串 TS 结尾
    while(i<S->len)       TS[j++] = S->ch[i++];
    S->len = j-1;       // 新串的串长
    free(S->ch);       // 释放 S 串原有空间
    S->ch = (char *)malloc(sizeof(char)* S->len);       // 申请 S 串新空间
    // 临时串 U 中暂存的新串复制到 S 中
    while(j=0;j< S->len;j++)       S->ch[j] = TS[j];
    free(TS);         // 释放临时串空间
    return   TRUE;
}//End_Replace_HS
```

（11）StringInsert 操作

堆串的插入操作同定长顺序串存储结构下操作的最大不同之处在于：堆串空间以串的实际大小动态分配，因此堆串的插入操作需要释放原串空间，并为插入子串

后的新串重新申请合适的向量空间。可以设计算法借助串的连接操作 Concat 来实现串的插入操作。

算法设计思路为：将主串 S 以 pos 位置作为分界，分别将 pos 之前的子串和插入串 T 以及主串 S 的 pos 之后子串相连接构成新串。算法可设计步骤如下：

① 在指定位置 pos 合理的条件下，调用求子串操作 SubString 求主串 S 中 pos 之前的字符串，并保存到临时串 S1 中；

② 调用串连接操作 Concat 将串 S1 和串 T 连接，并将连接串保存至临时串 ST1 中；

③ 再次调用 SubString 操作求主串 S 中 pos 位置起其余字符构成的子串，并保存到临时串 S2 中；

④ 再次调用 Concat 操作将串 ST1 和子串 S2 相连接，并将连接串保存至 ST 中；

⑤ 调用 StringCopy 操作将串 ST 复制给串 S。

对比定长顺序串实现，堆串的插入操作在具体实现细节中还需要注意以下几点不同：

① 堆串的长度通过成员变量 len 求得。

② 堆串的字符序列从向量 ch 的 0 下标单元开始存储，因而 pos 的合理范围应为 $0 \leqslant pos \leqslant StrLength(S)$。

算法函数可用 C 语言描述如下：

```
_Bool   StringInsert_HS (HeapString   *S, HeapString   T, int   pos){
    if(pos<0|| pos>S->len){
        printf("The insert position out of range!\n");
        return   FALSE;
    }//End_if
    HeapString   S1,S2,ST1,ST;
        //S1、S2 分别用于存储主串 S 中以 pos 为界的前后两部分子串
    SubString_HS(*S1,*S, 0, pos+1);        // 求 S 的前半部分子串 S1
    Concat_HS(*ST1, S1, T);               // 链接 S1 和 T 并保存到 ST1 中
    SubString_HS(*S2,*S, pos, S->len-pos);        // 求 S 的后半部分子串 S2
    Concat_HS(*ST, ST1, S2);              // 链接 ST1 和 S2 并保存到 ST 中
    StringCopy_HS(*S, ST);
    return   TRUE;
}//End_StringInsert_HS
```

（12）StringDelete 操作

堆串的删除操作同插入操作一样，串的实际大小动态分配，需要释放原串空间，并为完成删除操作后的新串重新申请合适的向量空间。可以设计算法借助串的连接操作 Concat 来实现串的插入操作。算法设计思路为：将主串 S 中 pos 位置之前的子串和待删子串之后的子串相连接构成新串。

在指定位置 pos 合理的条件下，算法设计中可分别按待删子串位于主串头部、尾部和中部三种情况进行对应操作，步骤如下：

① 待删子串位于主串头部时，直接调用求子串操作 SubString，求主串 S 中自 len 起至结尾的其余字符序列构成的子串，并保存到临时串 ST 中。

② 待删子串位于主串尾部时，直接调用求子串操作 SubString，求主串 S 中自 0 下标起至 pos-1 的 pos 个字符序列构成的子串，并保存到临时串 ST 中。

③ 待删子串位于主串中部时，按以下几个步骤执行：

    a) 调用 SubString 操作求主串 S 中 pos 位置之前的子串，并保存到临时串 S1 中。

    b) 再次调用 SubString 操作求主串 S 中自 pos+len 起至串尾的子串，并保存到临时串 S2 中。

    c) 调用串连接操作 Concat 将子串 S1 和子串 S2 连接，并将连接串保存至临时串 ST 中。

④ 无论属于前述三种情况①、②、③的任何一种，删除子串后的串均保存在临时串 ST 中，此时调用 StringCopy 操作将串 ST 复制给串 S 后，返回逻辑真值即可。

对比定长顺序串实现，堆串的插入操作在具体实现细节中还需要注意以下几点不同：

① 堆串的长度通过成员变量 len 求得。

② 堆串的字符序列从向量 ch 的 0 下标单元开始存储，因而 pos 的合理范围应为 $0 \leqslant pos < StrLength(S)-len$。

算法函数可用 C 语言描述如下：

```
_Bool   StringDelete_HS (HeapString   *S, int   pos, int   len){
    if(pos<0 || pos>=S.len-len){
        printf("The delete position out of range!\n");
        return   FALSE;
    }//End_if
```

```
HeapString    S1,S2,ST;
    //S1 存储主串 S 中 pos 之前的子串, S2 存储 S 中待删子串之后的子串
if(!pos)        //待删子串位于主串头部
    SubString_HS(*ST,*S, len, S->len-len+1);
else if(pos+len==S->len)        //待删子串位于主串尾部
    SubString_HS(*ST,*S, 0, pos+1);
else{        //待删子串位于主串中部
    SubString_HS(*S1,*S, 0, pos);        //求 S 的 pos 位置之前子串 S1
    SubString_HS(*S2,*S, pos+len, S->len-pos-len);
    //求 S 的待删子串之后的其余字符序列子串 S2
    Concat_HS(*ST, S1, S2);        //链接 S1 和 S2 并保存到 ST 中
}//End_if
StringCopy_HS(*S, ST);
return    TRUE;
}//End_StringDelete_HS
```

（13）FreeString 操作

堆串所占向量空间是在程序运行阶段动态分配的，因而回收串空间的操作即对堆串所占串向量空间（ch 所指）进行动态回收，操作的具体实现和堆串的清空操作一样，具体实现参考算法函数 ClearString_HS 即可，此处不再赘述。

2.9.3　串基本操作实现的算法评价

前述定长顺序串和堆串均为串的顺序存储结构。和线性表的链式存储结构相类似，串值也可采用链表方式存储。由于串结构的特殊性——结构中的每个数据元素是一个字符，采用链表存储串值时，存在一个"结点大小"的问题，即每个结点可以存放一个字符（称结点大小为 1），也可以存放多个字符。当结点大小大于 1 时，由于串长不一定是结点大小的整数倍，则链表中最后一个结点不一定全被串值占满，此时通常补上"#"或其他的非串值字符（通常"#"不属于串的字符集，而作为一个特殊的符号）。

1. 串的块链结构

为了便于进行串的操作，当以链表存储串值时，除头指针外，还可附设一个尾指针，指示链表中的最后一个结点，并给出当前串的长度。称如此定义的串存储结构为块链结构。块链串的定义可用 C 语言描述如下：

```
#define BLOCKSIZE 80        // 定义块大小
typedef struct Block{
    char    ch[BLOCKSIZE];        // 定义结点大小
    struct Block    *next;
}Block;
typedef struct{
    Block    *head,*tail;        // 串的头尾指针
    int    len;        // 串长成员变量
}BLString;
```

其中，设置尾指针的目的是为了便于进行串的连接操作，但应注意连接时需处理第一个串尾的无效字符。

在链式存储方式中，结点大小的选择和顺序存储结构的格式选择一样都很重要，直接影响到串处理的效率。显然，存储密度小（如结点大小为 1）时，运算处理方便，此时串值的链式存储结构的操作实现和线性表的链式存储结构操作类似，然而存储空间利用率不高。

总体来看，串的链式存储结构的缺点是存储空间占用量大且操作复杂，这种存储结构对串的某些操作（如连接操作等）有一定的方便之处，但不如前两种存储结构灵活，本书不做详细分析。下面重点对定长顺序串存储结构和堆串存储结构下实现串的各基本操作的算法进行对比分析。

2. 串的赋值与复制操作 StringAssign 和 StringCopy

无论采用定长顺序串还是堆串存储结构实现，这两个操作前者需要将常量串中的字符序列逐一复制到目标串空间中，后者需要将原串中的字符序列逐一复制给目标串，算法的时间复杂度均为线性阶，即 $T(n) = O(n)$。

从存储结构定义分析，定长顺序串存储空间预置，算法程序运行期间空间大小固定不变，且存储结构约定将串长保存在串向量空间的 0 下标单元，因而两个算法的核心语句都是在常量串或原串的长度范围内循环复制常量串或原串的串值；和定长顺序串存储结构不同，堆串存储结构要求首先释放目标串的原始空间，然后重新为目标串申请和常量串或原串的长度一致的新的空间，再将常量串或原串复制到目标串中。

从时间效率分析，由于定长顺序串的串长约定存储在串值向量空间的 0 下标单元，而堆串存储结构下常量串的长度需要借助循环进行计数统计（串复制操作中的原串串长由其 len 成员记录，可无须循环统计而直接得到）。另外，采用堆串存储结

构时，目标串的原空间首先需要释放，再根据常量串或原串串长重新申请向量空间，因此，利用堆串存储结构实现串的赋值和复制操作时，相比采用定长顺序串存储结构实现，两个算法的实际执行语句频度更高。

从空间利用率分析，定长顺序串所占空间是在编译阶段分配的，整个程序运行期间空间固定不变，当常量串或原串的串长过短时，目标串的存储密度较低，而当常量串或原串的串长过大时，目标串空间可能产生溢出；而堆串所占空间在程序运行期间动态分配，串赋值或复制操作重新以常量串或原串的长度为目标串申请新空间，因而目标串的存储密度较高。

此外，串的赋值或复制操作通常会配合实现串的其他操作，需要在实际调用中综合权衡选用哪种存储结构。

3. 判空操作 StringEmpty

该操作采用定长顺序串和堆串存储结构实现时，算法的核心语句几乎相同，区别仅仅是定义类型不同，即定长顺序串存储结构可直接通过判断其 0 下标的串长是否为 0 得知，而堆串存储结构可直接通过判断其成员变量 len 是否为 0 得知。两种存储结构下实现算法的时间复杂度均为常数阶 $T(n) = O(1)$。

判空操作通常是配合串的某些主要操作实现，因而所选用的存储结构取决于配合执行的主要操作适合选用的存储结构。

4. 串的比较操作 StringCompare

串的比较操作无论采用定长顺序串存储结构或是堆串存储结构，其算法实现的关键步骤均是在两串的长度范围内进行两串串值对应字符的比较，各步骤操作的主要区别源于两种存储结构的约定不同，算法的时间复杂度均为线性阶，$T(n) = O(n)$。

串的比较操作通常可用于配合完成串的某些复杂操作，所选用的存储结构可在完成复杂操作时进行权衡选择。

5. 求串长操作 StringLength

定长顺序串的串长保存在串值向量的 0 下标单元，堆串的串长由 len 成员记录，因此该操作算法无论采用哪种存储结构，其时间复杂度均为常数阶 $T(n)=O(1)$。

实际运用中，求串长操作通常是配合判断某些操作是否满足在串的范围以内执行，因而该算法实现所采用的存储结构同样取决于配合执行的操作选用的存储结构方案。

6. 清空与回收操作 ClearString 和 FreeString

定长顺序串和顺序表一样，所占向量空间是在编译阶段分配的，在程序运行期间其空间不被释放，因而回收串空间的操作过程和操作结果同清空串操作一样，可直接设置串长为 0 即可，即将串值向量的 0 下标单元置为 0；堆串所占向量空间是在程序运行阶段动态分配的，因而清空串操作和回收串空间的操作即对堆串所占串向量空间 (ch 所指) 进行动态回收。两种存储结构下算法的时间复杂度均为常数阶，$T(n)=O(1)$。

就操作目的而言，清空操作和回收串空间操作，都是在配合完成串的其他主要操作过程中，作为一项必备的善后处理，因而算法存储结构的选用同样取决于所配合执行的操作需采用的存储结构。

7. 串的连接操作 Concat

串的连接操作的算法核心是通过循环先后将两串 S1 和 S2 赋值给目标串。采用堆串存储结构时，需要动态释放以及重新申请目标串的空间。若将目标串的串长看作问题的规模 n，则两种存储结构下，串的连接算法的时间复杂度均为问题规模的线性函数，即 $T(n) = O(n)$。

在实际应用中，串的连接可用于配合完成串的某些复杂操作，由于两种存储结构实现的算法时间复杂度相当，因此其存储结构的选择可在设计复杂操作时进行权衡。

8. 求子串操作 SubString

采用定长顺序串或堆串存储结构实现取子串操作时，算法的时间复杂度均为问题规模 (所求子串的串长 len) 的线性函数，即 $T(n)=O(n)$。

堆串存储结构的取子串操作同定长顺序串类似，但串空间需要动态重新分配。在实际应用中，求子串操作通常也用于配合完成串的某些复杂操作，由于两种存储结构实现的算法时间复杂度相当，因此其存储结构的选择同样可在设计复杂操作时进行权衡。

9. 子串的定位操作 Index

子串的定位操作通常称作串的模式匹配 (其中 T 被称为模式串)，是各种串处理系统中最重要的操作之一。

分析前面在两种存储结构下算法设计的步骤，设主串和模式串的串长分别为 n

和 m ，则在最坏情况下两种存储结构实现该算法的时间复杂度均为 $T(n) = O(n*m)$。两种存储结构实现的区别是，在堆串存储结构下所求子串的空间需要动态重新分配。

另外，常规算法由于主串中可能存在多个和模式串"部分匹配"的子串，因而会引起主串指针的多次回溯。改进的模式匹配算法 KMP ，可在 $O(n+m)$ 的时间数量级上完成串的模式匹配操作。其改进在于：每当一趟匹配过程中出现比较字符不相同时，主串的指针不需要回溯，而是利用已经得到的"部分匹配"的结果将模式向右"滑动"尽可能远的一段距离后，继续进行比较。

10. 串的替换操作 Replace

采用定长顺序串和堆串两种存储结构实现串的替换操作时，均借助子串的定位操作 Index 实现替换串的定位。同 Index 操作一样，设主串和子串的串长分别为 n 和 m ，则替换操作在该步骤的时间复杂度在两种存储结构下均为 $T(n) = O(n*m)$，对主串其余部分的替换串定位步骤同第一次定位的步骤类似。由于执行替换步骤的时间复杂度取决于替换串的长度 m ，则 $T(n) = O(m)$。

综上，替换算法的时间复杂度随着问题规模的增大，与最高阶函数拥有相同的增长趋势，即 $T(n) = O(n*m)$。

两种存储结构实现的区别是，在堆串存储结构下，替换后的主串空间需要动态重新分配。

11. 串的插入操作 StringInsert

由于定长顺序串所占空间预置固定，且串字符序列连续存储，执行串的插入操作时，首先需要在主串中指定的有效位置处将待插入串的空间空出来（当指定位置在串尾则该步骤实际未执行)，即将待插位置至串尾的字符顺次后移，然后再将插入串插入指定位置处。设主串和插入串的串长分别为 n 和 m ，则定长顺序串存储结构下插入算法的时间复杂度在最坏情况下为两串长度之和的线性阶，即 $T(n) = O(n+m)$。

堆串的空间以串的实际大小动态分配，执行串的插入操作时，需要释放原串空间，并为插入子串后的新串重新申请合适的向量空间，算法设计中借助了串的连接操作 Concat 和求子串操作 SubString 实现。根据之前的分析，Concat 和 SubString 操作对应算法的时间复杂度均为线性阶，因而串的插入算法的时间复杂度也为两串长度之和的线性阶，即 $T(n)=O(n+m)$。

定长顺序串是在主串的原空间中插入，受连续存放的限制需要首先执行相对复杂的移位操作，因而时间浪费较大；同定长顺序串不同的是，采用堆串实现串的插

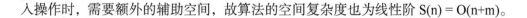

入操作时，需要额外的辅助空间，故算法的空间复杂度也为线性阶 S(n) = O(n+m)。

12. 串的删除操作 StringDelete

同串的插入操作类似，当采用定长顺序串存储结构时，由于所占空间预置固定，且串字符序列连续存储，要在主串中指定的有效位置处删除指定长度的子串，需要将待删子串之后的其余字符顺次前移 (当待删子串在串尾时则该步骤实际未执行)。因此，采用定长顺序串存储结构实现串的删除算法的时间复杂度为线性阶，即 T(n) = O(n)。

堆串的空间以串的实际大小动态分配。采用堆串存储结构实现串的删除操作时，需要释放原串空间，并为删除子串后的新串重新申请合适的向量空间，算法设计中借助了求子串 SubString 和串的连接 Concat 操作实现。根据之前的分析，Concat 和 SubString 操作对应算法的时间复杂度均为线性阶，因而串的删除算法的时间复杂度也为线性阶，即 T(n) = O(n)。

另外，采用定长顺序串存储结构实现串的删除操作时，由于串连续存放，需要执行相对复杂的移位操作，因而时间浪费较大；而采用堆串实现串的删除操作时，需要释放原串空间，并为完成删除操作后的新串重新申请合适的向量空间，因而需要借助辅助空间，故算法的空间复杂度也为线性阶 S(n) =O(n)。在实际编写更为复杂的算法时，需要综合考虑存储结构的选用。

综上分析，采用定长顺序串存储结构或堆串存储结构实现串的基本操作时，算法的时间复杂度随着问题规模的增大均具有相同的增长趋势。实现串的插入和删除操作时，采用定长顺序串存储结构，时间主要耗费在移位操作步骤上，导致时间效率降低；而采用堆串存储结构实现时，由于需要借助辅助空间而导致算法的空间复杂度较高。因此，实践应用中需要在时间效率和空间效率中加以权衡。

线性结构常见的非数值计算操作包括对数据对象集合的排序、查找以及更新等处理。下面对几种常见算法分别给出设计与优化分析过程。

2.10　线性结构常见应用 —— 基础排序算法的设计与优化

计算机进行非数值计算数据处理时经常需要进行查找操作，为了采用效率较高的查找法，通常希望待处理的数据按关键字大小有序排列，因而排序是非数值计算数据处理中的一种基本算法。

2.10.1　排序的定义及分类

1. 排序的概念

有 n 个记录的序列 $\{R_1, R_2, \cdots, R_n\}$，其相应关键字的序列为 $\{K_1, K_2, \cdots, K_n\}$，排序即找出当前下标序列 $1, 2, \cdots, n$ 的一种排列 $p_1, p_2, \cdots, p_n$，使得相应关键字满足非递减（或非递增）关系，即 $K_{p1} \leqslant K_{p2} \leqslant \cdots \leqslant K_{pn}$（或 $K_{p1} \geqslant K_{p2} \geqslant \cdots \geqslant K_{pn}$），从而得到一个按关键字有序的记录序列 $\{R_{p1}, R_{p2}, \cdots, R_{pn}\}$ 的操作过程。本书随后的排序算法设计中，均假设问题要求将各个记录关键字按照非递减有序排序。

2. 数据对象定义

排序操作的数据对象由相同类型的待排序记录组成，可借助 C 语言定义如下：

```
typedef    struct{
    KeyType       key;
    OtherType     otherinfo;
} RecordType;
```

3. 排序方法分类

排序方法可根据排序过程中所借助的存储器，分为内部排序和外部排序两大类。内部排序过程中待排序记录存放在计算机随机存储器 (RAM) 中，外部排序由于待排序记录数量较大，内存无法容纳全部记录，因而在排序过程中需借助外部存储器。本节所讨论的排序算法均为内部排序算法。

根据待排序序列中等值关键字记录在排序之前和之后的相对领先顺序是否可能发生改变，可将排序方法分为稳定排序和不稳定排序。若排序之前两个等值关键字记录的领先顺序在排序之后保持不变，则该排序方法是稳定的，否则属于不稳定排序方法。排序方法的稳定与否不影响排序，但应用于某些场合时，如选举或比赛等，对排序的稳定性有特殊要求。因而一种排序算法的稳定与否通常也作为该算法的一个考量依据。

根据排序过程中所采用的关键操作可将排序算法分为交换类排序、选择类排序、插入类排序、归并类排序和分配类排序等。

根据待排序记录的存储方式可将排序方法分为向量排序、链表排序和地址排序三种。

(1)向量排序：采用一组地址连续的存储单元存放待排序的记录元素，是采用顺序存储结构的排序方法。记录的逻辑顺序取决于存储位置，因而排序过程中要产生元素的移动。

（2）链表排序：采用链表存储结构存储待排序的记录，记录的逻辑顺序取决于指针的链接关系，排序过程中仅修改元素结点的指针即可。

（3）地址排序：采用向量存储加地址索引的存储结构。排序过程仅修改地址索引表，排序后再根据地址索引表调整记录的存储位置。

2.10.2　冒泡排序算法优化分析与设计

冒泡排序法亦称相邻比序法，是通过相邻数据元素的交换，逐步将待排序记录序列变成有序序列的过程，是一种简单的交换类内部排序。

1. 冒泡排序算法设计思想

各趟排序均从无序表中第一个待排序记录关键字开始，依次比较各相邻记录的关键字，如有逆序则进行交换，直到无序表部分的最后两个记录的关键字比较完成后结束该趟排序。这样第 i 趟排序共进行 n-i 次比较，此时最大关键字被换到无序表部分的最末位，从而逐渐在排序表尾部形成有序表；接着进行下一趟冒泡排序。

理论上讲，有 n 个待排序记录需进行 n-1 趟排序，但在各趟排序进行之前可以首先判断前一趟排序的各次比较中是否有交换产生，如果没有，则可提前结束整个排序过程。这样，实际排序过程中的比较次数可能低于理论值。

2. 简单冒泡排序算法的实现

算法的具体实现因存储方式的不同而不同。链表存储方式的特点是元素结点占用的存储空间除了数据元素本身所占空间外，还需要一个额外的指向后继元素起始地址的指针，在排序过程中可通过修改指针的链接关系来改变记录元素之间的顺序。冒泡排序算法的关键操作涉及相邻元素间的位置互换，频繁修改指针的连接关系会使算法的操作过于烦琐。另外，链表的初始化操作也比顺序存储向量的初始化操作复杂，因而该算法首选采用向量方式存储待排序记录元素。在采用 C 语言实现算法操作时，数组下标从 0 开始编号，为了描述方便，当待排序记录个数为 n 时，算法的初始化条件为各待排序记录存放在数组的 1~n 号下标单元，这样，数组实际长度为 n+1，0 下标单元闲置。

简单冒泡排序的理论排序趟数（有 n 个待排序记录理论上进行 n-1 趟排序）可通过记录交换标志来减少。在下一趟排序开始之前判断上一趟是否有交换产生，没有则不再继续其余各趟排序。交换标志可采用布尔变量 exchanged，每趟比较开始之前置该变量为 0，比较过程中有交换产生则置其为 1。基于 RecordType 定义类型的算法 C 语言描述如下：

```
void BubbleSort(RecordType  r[],  int  n)
{    _Bool   exchanged = 1; // 设置交换标志
     for (int   i=1; i<=n-1&&exchanged; i++){
            // 循环的趟数小于理论值且有交换产生则继续
            exchanged=0;
            for (int    j=1; j<=n-i; j++)
                if(r[j].key>r[j+1].key){
                    RecordType   x; // 用作交换的中间变量
                    x=r[j];   r[j]=r[j+1];   r[j+1]=x;
                    exchanged=1;
                }//End_if
     }//End_for_i
}//End_BubbleSort
```

3. 双向冒泡排序算法

简单冒泡排序算法中的每趟比较过程，都是从无序表部分的头部向尾部单向进行两两相邻记录的比较，当然方向也可以相反，从无序表尾部向头部单向进行（这将在无序表的头部逐渐形成有序表，其算法思路同前述基本无异）。可以引入优化的排序设计思路：在每趟比较过程中均双向进行两两相邻记录的比较 —— 双向冒泡排序。下面将分析介绍双向冒泡排序算法的两种设计方案。

（1）方案一设计思路

算法的基本设计思想：第 i 趟排序比较过程只针对无序表部分并按照以下两个步骤进行：

第一步，从前向后对无序表中各待排序记录关键字两两相邻进行比较，如有逆序则进行交换，直到无序表表尾最后两个记录的关键字比较完成，这样共进行 n-2i+1 次比较，最大关键字被换到无序表表尾，即其最终位置，从而在待排序表尾部逐步形成有序表；

第二步，从后向前对剩余无序表部分各待排序记录关键字两两相邻进行比较，如有逆序则进行交换，直到无序表表头前两个记录的关键字比较完成，这样共进行 n-2i 次比较，最小关键字被换到无序表表头，即其最终位置，从而在待排序表头部逐步形成有序表。

经过以上两步完成第 i 趟排序过程，接着进行第 i+1 趟排序。

理论上讲，有 n 个待排记录只需进行 n/2 趟排序 (i 取值范围为 1~n/2) 。但在各趟排序进行之前可以首先判断前一趟排序的各次比较中是否有交换产生，如果没有，则可提前结束整个排序过程。这样，实际排序过程中的比较次数也将可能低于理论值。

(2) 方案一算法的 C 语言描述

该算法的初始化条件与简单冒泡排序算法相同，基于 RecordType 定义类型的算法 C 语言描述如下：

```
void   DBubbleSort_1(RecordType   r[],   int   n){
    _Bool   exchanged=1;        // 设置交换标志
    for(int i=1; i<=n/2&&exchanged; i++){
        // 循环的趟数小于理论值且有交换产生
        RecordType x;          // 用作交换的中间变量
        exchanged=0;
        for(int j=i;j<=n-i;j++)   // 自前向后比较
            if(r[j].key>r[j+1].key){
                x=r[j];   r[j]=r[j+1];   r[j+1]=x;
                exchanged=1;
            }//End_if
        for(int k=n-i;k>i;k--)    // 自后向前比较
            if(r[k].key<r[k-1].key){
                x=r[k];   r[k]=r[k-1];   r[k-1]=x;
                exchanged =1;
            }//End_if
    }//End_for_i
}//End_DBubbleSort_1
```

(3) 方案二设计思路

算法的基本设计思想如下：

第 i 趟排序比较过程同样只针对无序表部分 (下标范围 i~n-i) 进行。在第 i 趟排序过程中，同时进行双向两两相邻关键字间的比较。首先自前向后两两相邻比较，即比较 i 和 i+1 两个记录的关键字，然后自后向前两两相邻比较，即比较 n-i+1 和 n-i 两个记录的关键字，在任何一次比较中如有逆序则进行交换。由于同时进行双向比较，一趟排序后最小关键字被换到无序表表头，最大关键字被换到无序表表尾，从而在待排序表头部和尾部分别逐步形成有序表。这样，理论上讲有 n 个待排记录只需进行 n/2 趟排序。同样，在各趟排序进行之前可以首先判断前一趟排序的各次比较中是否有交换产生，如果没有，则可提前结束整个排序过程。这样，实际排序过程中的比较次数也可能低于理论值。

(4)方案二算法的 C 语言描述

算法的初始化条件同前，基于 RecordType 定义类型的算法 C 语言描述如下：

```
void    DBubbleSort_2 (RecordType    r[], int n){
    _Bool    exchange=1;            // 设置交换标志
    RecordType    x;            // 用作交换的中间变量
    for(int    i=1; i<=n/2&&exchange; i++){
        exchange=0;
        for(int    j=i;j<=n-i;j++){
            if(r[j].key>r[j+1].key){
                x=r[j];    r[j]=r[j+1];    r[j+1]=x;
                exchange=1;
            }//End_if
            if(r[n-j+1].key<r[n-j].key){
                x=r[n-j]; r[n-j]=r[n-j+1];    r[n-j+1]=x;
                exchange=1;
            }//End_if
        }//End_for_j
    }//End_for_i
}//End_DBubbleSort_2
```

4. 冒泡排序及其优化算法的时间复杂度及空间复杂度分析

从冒泡排序算法 BubbleSort 的 C 语言描述中可以看出，函数的核心语句由双重嵌套循环部分组成，循环体基本语句 (if 语句) 理论上共执行 $(n-1)+(n-2)+\cdots+1= n(n-1)/2$ 次，此即关键字总的比较次数。将待排序的记录个数 n 看作问题的规模，根据给定的简化条件 (记录的成员构成简化为只含排序关键字数据段)，可判定关键字移动次数至多 (当关键字为逆序时) 为三倍的比较次数，从而算法的平均时间复杂度可以关键字的比较次数来衡量，即 $T(n) = O(n^2)$。最好的情况下，当待排序记录初始为有序表时，只需进行 n-1 次比较即可完成整个排序过程；该函数在空间上除了待排序记录元素本身所占的向量空间外，还引入了四个变量 i、j、x 和 exchanged 的辅助空间，其空间复杂度为常数阶，即 S(n) = O(1)。

从双向冒泡排序设计方案一的算法描述中可以看出，函数 DBubbleSort_1 同样由双重嵌套循环部分组成，但外层循环的循环体由前后顺序执行的两个循环步骤组成，两条 if 语句理论上的总比较次数为 (n-1)+(n-2)+…+1 = n(n-1)/2 次，同原冒泡排序算法一样，算法的平均时间复杂度为 T(n)=O(n²)。在最好情况下，即待排序记录为有序表时，被嵌套的两个循环步骤需进行 (n-1)+(n-2) = 2n-3 次比较即完成整个排序过程；该函数在空间上除了待排序记录元素本身所占的向量空间外，还引入了五个变量 i、j、k、x 和 exchanged 的辅助空间，比函数 BubbleSort 多用了一个变量 k 的空间，但其空间复杂度仍为常数阶，即 S(n)=O(1)。这样，该算法同原冒泡排序算法具有相同的平均时间复杂度和空间复杂度，仅当待排序记录按关键字有序时，其时间效率比原冒泡排序算法较低。

从设计方案二算法的 C 语言描述中可以看出，函数 DBubbleSort_2 的核心部分同样由双重嵌套循环组成，与思路一不同的是，思路二内层循环的循环体仅由两个 if 语句组成，第 i 趟排序下来理论上至多进行 2(n-2i+1) 次比较，则理论上总的比较次数为 2((n-1) + (n-3) + (n-5) +…+1) =n²/4 次。显然，算法的总比较次数比原冒泡排序算法有所减少，但平均时间复杂度仍为 T(n) = O(n²)。在最好情况下，即待排序记录为有序表时，需进行 2(n-1) 次比较；该函数在所占空间上同函数 BubbleSort 一样，其空间复杂度为 S(n) = O(1)。

5. 结论

双向冒泡排序算法是基于原冒泡排序算法提出的一种改进的算法设计思路。经过对算法 BubbleSort、DBubbleSort_1 和 DBubbleSort_2 进行时间复杂度和空间复杂度的对比分析，可以得出以下结论：

采用第一种设计方案的算法 DBubbleSort_1 具有和 BubbleSort 算法相同的平均时间复杂度和空间复杂度，但在待排序记录按关键字有序时，该算法比原冒泡排序算法多执行近两倍的比较次数；另外，该算法在辅助空间上比 BubbleSort 算法多用了一个变量。

采用第二种设计方案的算法 DBubbleSort_2 其空间复杂度同 BubbleSort 算法相同，平均时间效率高于 BubbleSort 算法，真正实现了对原冒泡排序算法的优化。

2.10.3　简单选择排序算法优化分析与设计

选择排序的基本思想是：每一趟在 n- i+1 (i=1, 2, …, n-1) 个记录中选取关键字最小（或最大）的记录作为有序序列中第 i 个记录。其中最简单的是简单选择排序。

1. 简单选择排序算法设计思想

简单选择排序算法的基本设计思想是：第一趟排序从所有待排序记录的关键字中选择一个最小值，同表头记录进行交换；第二趟排序从除去第一个的其余记录关键字中选择一个最小值，同第二个记录进行交换；依此类推，各趟排序均选择无序表部分的最小关键字，并将其首先定位到最终位置（无序表表头），从而逐步在无序表的表头形成有序表。

理论上讲，有 n 个待排序记录需进行 n-1 趟排序。算法执行过程中第 i 趟排序的关键步骤如下：

（1）首先假定无序表表头记录（下标为 i 的记录）为当前关键字最小记录；

（2）从第 i+1 记录开始至第 n 记录，依次将各记录关键字同当前最小关键字进行比较，并记下关键字更小的记录位置，作为新的当前最小关键字；

（3）第（2）步操作完成即得到第 i 趟中的最终最小关键字记录，若该记录不在第 i 位，则将其同第 i 位记录交换，即完成第 i 趟排序。

2. 简单选择排序算法的 C 语言描述

基于 RecordType 定义类型的简单选择排序算法可用 C 语言描述如下：

```
void SelectSort (RecordType r[], int n){
    for(int i=1; i<=n-1; i++){
        int k=i;        // 初始假定无序表表头即为最小关键字记录的下标
        for(int j=i+1; j<=n; j++)
            if(r[j].key<r[k].key)   k=j;        // 标记更小的关键字下标
        if(k!=i){
            // 若最小关键字记录不在无序表表头则同表头记录进行交换
            r[0] =r[i];     r[i]=r[k];     r[k]=r[0];
        }//End_if
    }//End_for
}//End_SelectSort
```

其中，n 为待排序记录个数。本算法利用 C 语言数组下标从 0 开始的特点，将 r[0] 用作交换的中间暂存变量，算法描述的初始化条件为各待排序记录存放在数组 r 的 1~n 号下标单元。

3. 双向选择排序算法

简单选择排序法排序过程中的每一趟循环只能确定一个元素的最终位置，算法效率不高，可考虑改进为一趟确定两个元素的位置，从而减少排序所需的循环次数，称为双向选择排序算法。

双向选择排序算法的基本设计思想如下：

每趟排序均从待排序的无序表区间中选出关键字最小与最大的两个记录，把最小关键字换到无序表表头，最大关键字换到无序表表尾，从而逐渐在无序表的两端形成有序表。这样，理论上讲有 n 个待排记录只需进行 n/2 趟排序。下面分析给出两种算法设计方案。

(1) 算法设计方案一

该方案直接对无序表部分进行双向选择排序。经过一趟排序，即找到无序表部分的最大和最小关键字记录所在位置，此时需分以下几种情况进行交换处理：

① 若最小关键字记录位于无序表表头，且最大关键字记录位于无序表表尾，则此时不需要进行交换即可进行下一趟排序扫描。

② 若最小关键字记录和最大关键字记录都不在最终位置，则分以下几种情况进行交换处理：

• 若二者位置刚好相反，则将二者互换即可。

• 若最小关键字记录位于表尾，而最大关键字记录在除去表头的其他位置，则按以下步骤处理：

　　a) 将无序表中的表头记录暂存至 r[0];

　　b) 将最小关键字记录 (此时即无表表尾元素) 移至无序表表头位置 (此即其最终位置);

　　c) 将最大关键字记录移至无序表表尾 (此即其最终位置);

　　d) 将暂存在 r[0] 中的原表头记录移至最大关键字记录原来所在位置即可完成转换。

• 若最大关键字记录位于表头，而最小关键字记录在除去表尾的其他位置，则按以下步骤处理：

　　a) 将无序表中的原表头记录 (最大关键字记录) 暂存至 r[0];

　　b) 将最小关键字记录移至无序表表头位置 (此即其最终位置);

　　c) 将无序表表尾记录 (下标 n-i+1 处的记录) 移至最小关键字记录的原位置;

　　d) 将暂存在 r[0] 中的最大关键字记录移至无序表表尾即可。

• 若表头和表尾均不是最大或最小关键字记录，则按以下步骤处理：

  a) 将无序表中的原表头记录暂存至 r[0]；

  b) 将最小关键字记录移至无序表表头位置（此即其最终位置）；

  c) 将无序表表尾记录（下标 n-i+1 处的记录）移至最小关键字记录的原位置；

  d) 将最大关键字记录移至无序表表尾；

  e) 将暂存在 r[0] 中的记录移至最大关键字记录空出的原位置即可。

③ 若最小关键字记录位于表头的最终位置，但最大关键字记录不在表尾，则仅将最大关键字记录借助 r[0] 换到表尾即可。

④ 若最大关键字记录位于表尾的最终位置，但最小关键字记录不在表头，则仅将最小关键字记录借助 r[0] 换到表头即可。

(2) 方案一算法的 C 语言描述

该算法的初始化条件同前，基于 RecordType 定义类型的 C 语言描述如下：

```
void BiSelectSort_1(RecordType r[], int n){
    int   i, j, min, max;
    //i，j 为记录的向量下标，min, max 分别为各趟的最小和最大关键字所在下标
    for(i=1; i<=n/2; i++){
        min = max = i;
        for (j=i+1;j<=n-i+1;j++){       // 定位最值
            if (r[j].key<r[min].key)    min=j;
            if(r[j].key>r[max].key)    max=j;
        }//End_for_j
        if(min!=i&&max!=n-i+1){  // 若最小关键字不在表头且最大关键字不在表尾
            if(min==n-i+1&&max==i)   // 最小与最大关键字位置正好相反
            {    r[0]=r[min]; r[min]=r[max]; r[max]=r[0];   }
            else if(min==n-i+1)
            {    // 最小关键字位于表尾，而最大关键字在表头以外的其他位置
                r[0]= r[i]; r[i]=r[min]; r[min]=r[max]; r[max]=r[0];   }
            else if(max==i)
            {    // 最大关键字位于表头，最小关键字在表尾以外的其他位置
                r[0]=r[i]; r[i]=r[min]; r[min]=r[n-i+1]; r[n-i+1]=r[0];   }
            else       // 表头和表尾均不是最大或最小关键字记录
```

```
        {    r[0]=r[i]; r[i]=r[min]; r[min]=r[n-i+1];
               r[n-i+1]=r[max]; r[max]=r[0];   }
    }
    else if(min==i&&max!=n-i+1)
    {      //最小关键字位于表头的最终位置，但最大关键字不在表尾
          r[0]=r[n-i+1]; r[n-i+1]=r[max]; r[max]=r[0];       }
    else if(min!=i&&max==n-i+1){
          //最大关键字位于表尾的最终位置，但最小关键字不在表头
          r[0]=r[i]; r[i]=r[min]; r[min]=r[0];
    }//End_if
  }//End_for_i
}//End_BiSelectSort_1
```

（3）算法设计方案二

方案一的算法直接对无序表部分进行双向选择，在经过一趟排序扫描找到最小和最大关键字记录所在位置后，需要分几种不同情况进行不同的交换处理，这使得算法描述较为复杂，可考虑进一步改进。

方案一中的一趟排序选择最值，是在整个无序表的范围内进行的，如果一开始先将无序表分割成最小关键字记录只位于表的前半部分，最大关键字记录只位于表的后半部分，则定位最小关键字记录只需在表的前半部分进行，而定位最大关键字记录只需在表的后半部分进行，从而将最值记录的定位进行了简化。

根据这种设计思想，该算法第 i 趟排序的步骤可设计如下：

①　首先对无序表区间前后对应位置（设无序表区间为 i~n-i+1，则对应记录下标为 i 和 n-i+1，i=1~n/2）的记录关键字依次进行两两比较，如有逆序则交换。整个交换过程完成后，即将无序表中对应位置交换为关键字值较小者在前，较大者在后。

②　在无序表的前半部分定位最小关键字记录，若非表头记录，则同表头记录互换。

③　在无序表的后半部分定位最大关键字记录，若非表尾记录，则同表尾记录互换。这样共进行 n/2 趟排序即可完成整个排序过程。

（4）方案二算法的 C 语言描述

该算法的初始化条件同前，基于 RecordType 定义类型的 C 语言描述如下：

```
void BiSelectSort_2 (RecordType r[], int n){
    int    i, j, min, max;
```

```
//i,j 为记录的向量下标，min, max 分别为各趟的最小和最大关键字所在下标
for(i=1; i<=n/2; i++){
        for(j=i; j<=n/2; j++)
                if(r[j].key>r[n-j+1].key){        // 若前后对应元素逆序则互换
                        r[0]=r[j];        r[j]=r[n-j+1];        r[n-j+1]=r[0];
                }//End_if
        min = i;
        max = n-i+1;        // 假定最值分别为最终位置的元素
        for(j=i+1;j<=n/2;j++)        // 在无序表前半部分定位最小关键字记录
                if(r[j].key<r[min].key) min = j;
        if (min!=i){        // 最小关键字不在无序表表头时同表头元素互换
                r[0] = r[i]; r[i] = r[min]; r[min] = r[0];
        }//End_if
        for(j=n-i;j>n/2;j--)        // 在无序表后半部分定位最大关键字记录
                if(r[j].key>r[max].key) max = j;
        if(max!=n-i+1){
                // 最大关键字记录不在无序表表尾时同表尾元素互换
                r[0]=r[n-i+1];    r[n-i+1]=r[max];    r[max]=r[0];
        }//End_if
}//End_for_i
}//End_BiSelectSort_2
```

（5）部分参考文献中存在的问题

文献 [20] 在类似方案一的算法描述中虽然分情况进行了讨论，但仍有未考虑的情况，比如当最小关键字记录位于无序表表尾，而最大关键字记录在除表头之外的其他位置的情况。

文献 [21]、[22] 和 [23] 关于方案一算法的描述是将选择排序蜕变成交换排序实现的，相对原算法来说交换次数增多，从而未能在真正意义上实现对原算法的优化。文献 [24]、[25] 和 [26] 中关于该算法的描述均存在没有分情况讨论的问题，从而排序过程的正确性无法保证。

文献 [23] 中关于方案二算法描述中的一趟排序，是将前半部分和后半部分分别采用冒泡排序法的思路进行交换排序，仍然存在比原选择排序算法交换次数增多的问题，算法的执行效率不高。

文献 [26] 中关于方案一算法的描述同 [21]、[22] 一样，因而具有同 [21]、[22]

一样的缺点；关于方案二算法描述中的一趟排序，是将前半部分和后半部分分别采用冒泡排序算法的思路进行交换排序，仍然存在比原选择排序算法交换次数增多的问题，从而算法的执行效率不高。

4. 简单选择排序及其优化算法的时间复杂度及空间复杂度分析

从原简单选择排序算法的 C 语言描述中可以看出，函数 SelectSort 的核心语句由双重嵌套循环部分组成，循环体基本语句 (if 语句) 理论上共执行 (n-1)+(n-2)+⋯+1=n(n-1)/2 次，此即关键字总的比较次数。将待排序的记录个数 n 看作问题的规模，从而算法的平均时间复杂度可以关键字的比较次数来衡量，即 $T(n) = O(n^2)$。该函数在空间上除了待排序记录元素本身所占的向量空间外，还引入了三个变量 i、j 和 k 的辅助空间，其空间复杂度为常数阶，即 $S(n)=O(1)$。

从双向选择排序设计思路一的 C 语言算法描述中可以看出，函数 BiSelectSort_1 的核心语句同样由双重嵌套循环组成，外层循环的循环体由一个循环语句和顺序执行的 if 语句组成，因而基本语句为内层循环的循环体，即两条定位最值的 if 语句。理论上一趟排序的比较次数为 2(n-2i+1) 次，从而算法的总比较次数可按公式（2-3）计算：

$$\sum_{i=1}^{n/2} 2(n\text{-}2i+1)=\frac{n^2}{2} \tag{2-3}$$

可见，该算法的平均时间复杂度虽仍为 $T(n)=(n^2)$，但算法中的比较次数略多于简单选择排序算法。另外，该函数在空间上除了待排序记录元素本身所占的向量空间外，还引入了四个变量 i、j、min 和 max 的辅助空间，也比函数 SelectSort 多用了一个变量的空间，但其空间复杂度仍为常数阶，即 $S(n)=O(1)$。这样，该算法虽然同简单选择排序算法具有相同的平均时间复杂度和空间复杂度，但效率略低于简单选择排序算法；此外又由于分情况讨论，使得算法的复杂性要高于原算法。

从设计思路二算法的 C 语言描述中可以看出，函数 BiSelectSort_2 的核心语句同样由双重嵌套循环组成，与思路一不同的是，思路二外层循环的循环体由前后顺序执行的三条 for 语句组成。一趟排序过程中第一个 for 循环将无序表中对应位置的记录交换为关键字值较小者在前，较大者在后，理论上需进行 n/2-i+1 次比较；第二、三两个 for 循环分别在无序表的前半部分定位最小关键字记录，后半部分定位最大关键字记录，理论上均需进行 n/2-i 次比较，则理论上一趟排序的比较次数为 3(n/2-i) +1 次，从而算法的总比较次数可按公式 (2-4) 计算如下：

$$\sum_{i=1}^{n/2} 3(n/2\text{-}i) + 1=\frac{3n^2}{8}-\frac{n}{4} \tag{2-4}$$

可见，该算法的比较次数少于简单选择排序算法，但平均时间复杂度仍为 $T(n)=O(n^2)$。该函数在所占空间上同函数 BiSelectSort_1 一样，其空间复杂度也为 $S(n) = O(1)$。另外，由于该算法不需分情况讨论，从而比 BiSelectSort_1 算法的复杂性大大降低。

5. 结论

双向选择排序算法是基于传统简单选择排序算法提出的一种改进的算法设计思路，本节介绍的两种算法设计方案的 C 语言算法描述均已通过在 VC++ 6.0 环境进行正确性测试。

经过对三种算法进行时间复杂度和空间复杂度的对比分析，可以得出以下结论：

两种设计思路的双向选择排序算法具有和原简单选择排序算法相同的平均时间复杂度和空间复杂度，但第一种算法思路总的比较次数略高于原算法，第二种算法思路的比较次数低于原算法；两种新算法在辅助空间上都比原算法多用一个变量空间。另外，两种思路设计的算法就其简单性而言，第二种优于第一种，从而第二种思路设计的算法真正实现了对原简单选择排序算法的优化。

2.10.4 直接插入排序算法优化分析与设计

插入排序法通过将待排序记录表分为有序表和无序表两部分，逐步将无序表中的表头元素插入有序表中适当的位置，实现无序表的排序操作。这里讨论对直接插入排序的优化分析与设计。

1. 直接插入排序算法

直接插入排序算法是一种简单的插入类内部排序方法，其基本操作是将待排序表的一个记录插入有序表中，从而得到一个新的记录数增 1 的有序表。

待排序的记录序列仍然采用向量存储方式，即待排序的一组记录存放在地址连续的一组存储单元中。以下均假定要求将各个记录关键字按照非递减有序进行排序。

待排记录类型仍为 RecordType。

（1）直接插入排序算法设计思想

直接插入排序算法的基本设计思想是：首先将无序表分成有序和无序两部分，逐步将无序部分的表头元素插入有序表中，从而最终形成有序表。

算法实现的具体步骤如下：

第 1 趟排序，有序表部分只含首关键字，无序表部分由其余关键字组成，此时将无序表表头关键字同有序表中的唯一关键字比较一次，即可完成定位并插入有序表中。

第 i (i=2~n-1) 趟排序是将无序表表头关键字定位并插入前面的有序表中。

由于有 n 个待排序记录时,无序表部分初始含 n-1 个待排序关键字,从理论上讲需进行 n-1 趟排序。

(2)直接插入排序算法的 C 语言描述

基于 RecordType 定义类型的直接插入排序算法可用 C 语言描述如下(其中,n 为待排序记录个数):

```
void InsertionSort(RecordType    r[], int n){
    int i,j;          // i,j 指示记录的向量下标
    for(i=2; i<=n; i++){
        r[0]=r[i];   // 将待插入记录暂存 r[0]
        for(j=i-1; j>=1&&r[0].key<r[j].key; j--)
          r[j+1]=r[j];   // 若有序表中 r[j] 的关键字大于待插入关键字则将 r[j] 后移
        r[j+1]=r[0];        // 将暂存 r[0] 的无序表表头记录插入有序表中
    }//End_for
}//End_InsertionSort
```

本算法利用 C 语言数组下标从 0 开始的特点,将数组 r 的 0 下标单元用作移动的中间暂存变量,算法描述的初始化条件为各待排序记录存放在数组 r 的 1~n 号下标单元。

2.2- 元插入排序算法

直接插入排序算法排序过程中的每一趟循环只能确定并插入一个元素(可称 1-元插入排序算法),可考虑改进为一趟确定两个元素的位置,从而减少排序所需的循环次数,称之为 2- 元插入排序算法。

(1)2- 元插入排序算法设计思想

2- 元插入排序算法的基本设计思想为:每趟排序将无序表前两个元素同时定位并插入有序表中。理论上讲有 n 个待排记录只需进行 n/2 趟排序。第 i 趟排序的具体步骤如下:

① 首先将无序表前两个相邻记录的关键字进行比较,将小者暂存 r[0],大者暂存 r[n+1];

② 从有序表表尾记录 r[j](j=i-1) 开始,将 r[j].key 先同 r[n+1].key 进行比较,若 r[j].key 大于 r[n+1].key,则将 r[j] 直接后移 2 位,转第⑤步;否则执行第③步;

③ 将 r[j].key 同 r[0].key 进行比较，若 r[j].key 大于 r[0].key，则若 r[n+1] 中暂存的关键字较大记录仍未置于最终位置，则此时将其移至 r[j+2]，r[j] 后移 1 位，转第⑤步；否则执行第④步；

④ 将 r[0] 中暂存的关键字较小记录移至 r[j+1]，终止本趟排序过程；

⑤ 然后 j 减 1 指向其前一记录，此时若仍满足 j ≥ 1，则转第②步；否则结束本趟排序过程，开始进行第 i+1 趟排序。

(2) 2-元插入排序算法需要考虑的关键问题

分析 2-元插入排序算法的基本设计思想，有以下几个需要考虑的关键问题：

① 若 n 为奇数，由于初始有序表部分仅含一个表头记录，则待插入记录个数恰好为偶数，此时各趟排序完成时刚好全部记录都插入完毕；否则第 n 个记录没有被插入，则仍需进行一趟 1-元插入排序过程。

② 在一趟排序过程的步骤③中，可借助一个标记变量判断 r[n+1] 中暂存的关键字较大记录是否已置于最终位置。例如初始设置该标记变量为 0，当 r[n+1] 移至 r[j+2] 时，即将该变量置 1。

③ 在 r[j].key 同 r[0].key 比较时，循环定位既可能在找到小于等于 r[0].key 的记录位置后终止，又可能当 j < 1 时终止，判断的依据是 r[0] 中暂存的关键字较小记录是否已移至 r[j+1]。此时可借助另一变量标记记录 r[0] 的移动与否，若未曾移动则终止循环定位后需将 r[0] 移至 r[j+1]。

(3) 2-元插入排序算法的 C 语言描述

该算法的初始化条件同前，基于 RecordType 定义类型的 C 语言描述如下：

```
void InsertionSort_2 (RecordType r[], int n){
    int   i, j, flag[2];        //i,j 为记录的向量下标
            // 数组 flag 用于标记大数或小数是否已放于该趟插入的最终位置
    for(i=2; i<n; i+=2){
        if (r[i].key<=r[i+1].key)   // 待插入小者暂存 r[0]，大者暂存 r[n+1]
        {   r[0]=r[i]; r[n+1]=r[i+1];   }
        else
        {   r[0]=r[i+1]; r[n+1]=r[i];   }
        flag[0]=flag[1]=0;
        for(j=i-1; j>=1; j--){        //j 为有序表下标
            if(r[j].key>r[n+1].key)   r[j+2]=r[j];
            else   if (r[j].key>r[0].key)
            {   if(!flag[1])        // 大者放到其最终位置，但仅放置一次
```

```
            {    r[j+2]=r[n+1]; flag[1] = 1;    }
            r[j+1] = r[j];    }
        else
        {    r[j+1] = r[0] ; // 小者放到其最终位置后终止本趟定位过程
            flag[0] = 1; break;    }
    }//End_for_j
    if(!flag[1])    // 若该趟定位直到有序表表头，说明待插入两数据为最小值
            r[j+2] = r[n+1];    // 将暂存 r[0] 和 r[n+1] 的两记录放至有序表表头
    if(!flag[0])    r[j+1] = r[0];
    }//End_for_i
    if (n%2 == 0){
        // 若无序表有偶数个元素，则最后的单个元素采用一趟扫描插入有序表
        r[0] = r[i];
        for (j = i−1; j >= 1&&r[j].key > r[0].key; j−−)
            r[j+1] = r[j];
        r[j+1] = r[0];
    }//End_if
}//End_InsertionSort_2
```

3. 直接插入排序及其优化算法的时间复杂度及空间复杂度分析

从原直接插入排序算法的 C 语言描述中可以看出，函数 InsertionSort 的核心语句由双重嵌套循环部分组成，循环体基本语句 (r[j+1]=r[j];) 最多执行 $(n-1)+(n-2)+\cdots+1 =n (n-1)/2$ 次，此即关键字总的比较次数。将待排序的记录个数 n 看作问题的规模，从而算法的平均时间复杂度可以关键字的比较次数来衡量，即 $T(n) = O(n^2)$。该函数在空间上除了待排序记录元素本身所占的向量空间外，还引入了变量 i、j 和 r[0] 的辅助空间，其空间复杂度为常数阶，即 $S(n)=O(1)$。

从 2- 元插入排序算法的 C 语言描述中可以看出，函数 InsertionSort_2 由一个双重嵌套循环和一个单循环组成。双重循环中外层循环的循环体主要包括顺序执行的 if-else 语句、嵌套的 for 语句和两条 if 语句，之后的单循环位于一条 if 语句中，因而算法的基本语句为双重循环中内层循环的循环体，即一条 if-else if 语句，从而算法函数在双重循环部分的总比较次数至多为 $1+3+5+\cdots+ (n-2) = (n-1)(n-2)/4$ 次，算法的平均时间复杂度仍为 $T(n) = O(n^2)$。该函数在空间上除了待排序记录元素本身所占的向量空间外，还使用了四个变量 i、j、r[0] 和 r[n+1] 的辅助空间，比 InsertionSort 函

数多用了一个变量的空间，但其空间复杂度仍为常数阶，即 $S(n) = O(1)$。这样，该算法同原插入排序算法具有相同的平均时间复杂度和空间复杂度，但实际比较次数比直接插入排序算法少。

4. 结论

2-元插入排序算法是基于直接插入排序算法提出的一种改进的算法设计思路，算法的 C 语言描述均已通过在 VC++ 6.0 环境下输入不同的关键字进行正确性测试。

经过对算法进行时间复杂度和空间复杂度的对比分析，可以得出以下结论：

2-元插入排序算法具有和直接插入排序算法相同的平均时间复杂度和空间复杂度，但总的比较次数较少；新算法在辅助空间上比原算法多用一个变量空间；此外，就算法的简单性而言，新算法较原算法略为复杂。

本小节旨在给出直接插入排序算法的另一种分析设计思路，新思路未必更具优势，但为直接插入排序算法的优化提供了一定的理论依据。

第 3 章　扩展线性结构

　　线性结构中的数据元素是原子类型，其元素值不能再分解，而扩展线性结构中的数据元素本身也是一个数据结构。常见的扩展线性数据结构有数组和广义表。

3.1 数组

数组是由相同类型的数据元素构成的有限集合，构成数组的数据元素本身也可以是数组。通常"可以把二维数组看成由一维数组元素构成的一维数组"这句话就是从这一角度描述的。

3.1.1 数组的定义

数组逻辑结构的抽象数据类型三元组 ADT Array = (D, R, P) 的定义如下：

ADT　Array{

数据对象：$j_i = 0,\cdots,b_i-1$, $i = 1,2,\cdots,n$, $n \geqslant 0$

$D = \{\ a_{j_1 j_2 \ldots j_n} \mid a_{j_1 j_2 \ldots j_n} \in D_0$, $n(>0)$ 称为数组的维数，b_i 是数组第 i 维的大小，j_i 是数组元素第 i 维下标，D_0 为某一数据类型 }

数据关系：$R = \{R1, R2,\cdots,Rn\}$

$Ri = \{\langle\ a_{j_1\ldots j_i\ldots j_n}\ ,\ a_{j_1\ldots j_i+1\ldots j_n}\ \rangle | 0 \leqslant j_k \leqslant b_k-1$, $1 \leqslant k \leqslant n$ 且 $k \neq i$, $0 \leqslant j_i \leqslant b_i-2$, $a_{j_1\ldots j_i\ldots j_n}$, $a_{j_1\ldots j_i+1\ldots j_n} \in D$, $i = 2,\cdots,n-1\}$

基本操作集合：

InitiateArray(&A, n, bound1,···,boundn)

操作前提：A 为未初始化的数组。

操作结果：若维数 n 和各位长度合法，则构造相应的数组 A。

FreeArray(&A)

操作前提：已存在 n 维数组 A。

操作结果：释放 A 所占空间。

GetValue(A,&e, index1,···, indexn)

操作前提：A 是 n 维数组，indexi 为第 i 维的下标。

操作结果：若各下标不超界，则 e 赋值为下标组指定的 A 的元素值，并返回 TRUE。

SetValue(&A, e, index1,···, indexn)

操作前提：A 是 n 维数组，indexi 为第 i 维的下标。

操作结果：若各下标不超界，则将 e 的值赋给 A 对应的下标元素，并返回 TRUE。

} ADT Array

ADT 定义的每个关系中，元素 $a_{j_1 j_2 \cdots j_n}$ $(0 \leqslant j_i \leqslant b_i-2)$ 都有一个直接后继，就其单个关系而言，均为线性关系。数组中的每个数据元素都对应一组下标 $(j_1, j_2, \cdots, j_n)$，每个下标的取值范围是 $0 \leqslant j_i \leqslant b_i-1$，第 i 维大小为 b_i (i=1,2,$\cdots$,n)。n 为 1 时即一维数组。

数组一旦被定义，其维数和各维的大小就不再改变，即不能随意插入和删除元素。ADT 定义中的基本操作除了初始化和空间释放外，一般只有两类：一是根据给定的一组下标获得特定的元素值，二是修改特定位置的元素值。

由于数组一般不做插入和删除操作，一旦建立后元素个数和元素间关系就不再变动，因而首选采用顺序存储结构，链式存储结构没有讨论的必要。

3.1.2　数组的顺序存储实现

多维数组的顺序存储，指的是将多维数组的数组元素按照某种顺序，存储在地址连续的一维地址空间中。由于多维数组的数组元素间非单一线性关系，而一维的存储地址单元是具有唯一前驱后继的线性关系，则存储多维数组元素时需要有个存储顺序的约定，一般分为以行序为主序和以列序为主序两种方式。

数组元素的存储顺序按照相邻元素下标组编号的变化顺序来描述时，以行序为主序存储，指的是首先变化的是元素最右边的下标编号，然后逐渐改变左邻的下标编号，直至最左边的下标编号改变。即相邻元素的存储顺序为下标组最右边的下标编号变化最快、最频繁，最左边下标编号的变化最慢。以列序为主序存储则正好相反，首先变化的是元素最左边的下标编号，然后逐渐改变右邻的下标编号，直至最右边的下标编号改变。即相邻元素的存储顺序为下标组最左边的下标编号变化最快、最频繁，而最右边下标编号的变化最慢。

1.数组逻辑结构的类型定义

对于数组，一旦规定了它的维数和各维的大小，便可为它分配空间；只要给定一组下标即可求得相应元素的存储位置。两种不同的存储顺序决定了给定一组对应下标后，在一维内存地址空间中定位对应数组元素的定址公式不同。大部分参考教材中均给出以行序为主序的定址公式，列序为主序的定址公式也可参考得出，此处不再赘述。

数组采用顺序存储结构实现时，考虑通用性，除了存放元素的一维地址空间之外，还需要给出维数和各维的长度。维数不同则给定的维的长度个数也不同。若采用数组成员来存放各维的长度，则数组的长度因维数而变，在类型定义中不易实现。由此，指示各维长度的成员只能通过指针成员表示，且空间在初始化时根据维数动态申请。另外，由于维数和各维长度初始化时才确定，则数组元素个数也无法预知，特别是数组基本操作并不改变数组的空间结构，因而存放元素的一维地址空间也适合采用指针成员变量指向，以便在运行阶段初始化时动态申请。

数组逻辑结构类型定义可用 C 语言描述为：

```
typedef  struct{
    ElemType  *array;      // 数组元素的起始地址
    int   dim;      // 数组维数
    int   *bounds;       // 维界的基址
} SqArray;
```

2. 二维数组的类型定义

前述数组类型定义的抽象层次较高，在参考文献 [3] 中给出了运用 C 语言的变参函数实现的过程，但操作实现较复杂，可以考虑针对具体维数的数组给出具体的类型定义。二维数组在实际中应用较为常见，下面以二维数组为例，给出操作的实现细节。

二维数组维数固定为 2，dim(维数) 成员定义可省略，且维界可通过长度为 2 的一维数组来存储，其逻辑结构类型定义的 C 语言描述如下：

```
typedef  struct{
    ElemType  *array;      // 数组元素的起始地址
    in   dim;      // 维数，二维数组固定为 2, 可省略
    int   bounds[2];       // 维界数组
} Sq2_Array;
```

3. 二维数组基本操作的算法实现

下面给出二维数组 ADT 定义中各基本操作的设计实现细节。

（1）InitiateArray 操作

初始化一个二维数组即根据给定的维界值 bounds[2]，构造相应的数组 A。对于二维数组来说，类型定义中若省略维数 dim，则算法函数的参数中相应省略维数 n。算法通过地址传递的参数 A 将构造生成的数组带回，函数返回构造成功与否的逻辑

值，其 C 语言描述如下：

```
_Bool   InitiateArray_SQ2 (Sq2_Array   *A, int   b[2]){
    elemTotal = 1;      // 求数组中元素个数
    for(int i=0; i<2; i++){
        A->bounds[i] = b[i];      // 初始化数组各维的大小
        elemTotal *= b[i];
    }//End_for
    // 申请数组空间
    A->array = (ElemType *)malloc(elemTotal *sizeof(ElemType));
    if(!A->array)        // 数组空间申请失败
        return   FALSE;
    else
        return TRUE;
}//End_InitiateArray_SQ2
```

（2）FreeArray 操作

回收操作的结果是释放数组 A 所占的空间。由于初始化时为二维数组 A 动态申请的存储空间由指针 array 指向，故算法核心语句为释放该指针所指地址。算法函数无须返回值，其 C 语言描述如下：

```
void   FreeArray_SQ2 (Sq2_Array   *A){
    free(A->array);
}//End_FreeArray_SQ2
```

（3）GetValue 操作

取元素操作根据给定的一对下标，将对应的元素值保存至地址传递参数 e 中，并返回 TRUE。若指定的下标对越界，则取元素操作失败，返回 FALSE。算法函数返回逻辑值，其 C 语言算法描述如下：

```
void GetValue_SQ2 (Sq2_Array   *A, ElemType   *e, int   index[2]){
    for(int i=0;i<2;i++)
        if(index[i]<1||index[i]>=A->bounds[i])      // 指定维的下标越界
            return   FALSE;
    // 将按行序为主序的对应元素赋值给指针参数 e
    *e = A->array[index[0]*A->bounds[1]+index[1]];
    return   TRUE;
}//End_GetValue_SQ2
```

当矩阵以列序为主序存储时，取元素操作赋值给指针参数 e 的对应元素的下标应改为 index[1]*A->bounds[0]+index[0]。

（4）SetValue 操作

修改对应元素值的操作根据给定的一组下标，将 e 的值赋给 A 对应的下标元素，并返回 TRUE。若指定的下标存在越界，则修改元素操作失败，返回 FALSE。算法函数返回逻辑值，其 C 语言算法描述如下：

```
void SetValue_SQ2 (Sq2_Array   *A, ElemType   e, int   index[2]){
    for(int i=0;i<2;i++)
        if (index[i]<1||index[i]>=A->bounds[i])          // 指定维的下标越界
            return   FALSE;
    // 将参数 e 的值赋值给按行序为主序的对应元素单元
    A->array[index[0]*A->bounds[1]+index[1]] = e;
    return   TRUE;
}//End_SetValue_SQ2
```

当矩阵以列序为主序存储时，元素赋值的操作将参数 e 的值赋值给对应下标为 index[1]*A->bounds[0]+index[0] 的元素。

3.1.3　矩阵

矩阵是科学与工程计算问题中研究的数学对象。在高级程序设计语言中，矩阵通常可以采用二维数组存储结构实现。

矩阵逻辑结构的抽象数据类型三元组可用 ADT Array = (D, R, P) 定义如下：

ADT　Matrix{

数据对象：D = {$a_{i,j}$|$a_{i,j}$ ∈ D_0, i=1,2,···,m, j=1,2,···,n, m 和 n 分别为矩阵的行
　　　　　数和列数 }

数据关系：R = {Row, Col}

　　　　　Row = {<$a_{i,j}$, $a_{i,j+1}$>|1 ≤ i ≤ m, 1 ≤ j ≤ n-1}

　　　　　Col = {<$a_{i,j}$, $a_{i+1,j}$>|1 ≤ i ≤ m-1, 1 ≤ j ≤ n}

基本操作集合：

　　InitiateMatrix(&M, row, col)

　　　　操作前提：M 为未初始化的矩阵。

　　　　操作结果：根据给定的行列数创建矩阵 M。

　　FreeMatrix(&M)

　　　　操作前提：矩阵 M 已存在。

操作结果：释放 M 所占空间。

PrintMatrix(M)

操作前提：矩阵 M 已存在。

操作结果：按行列输出矩阵 M。

CopyMatrix(M,&T)

操作前提：矩阵 M 已存在。

操作结果：由矩阵 M 复制得到矩阵 T。

AddMatrix(M, N,&T)

操作前提：矩阵 M、N 已存在，且行数和列数对应相等。

操作结果：得到矩阵 M 与 N 的和矩阵 T =M+N。

SubMatrix(M, N,&T)

操作前提：矩阵 M、N 已存在，且行数和列数对应相等。

操作结果：得到矩阵 M 与 N 的差矩阵 T =M-N。

MultMatrix(M, N,&T)

操作前提：矩阵 M、N 已存在，且 M 的列数等于 N 的行数。

操作结果：得到矩阵 M 与 N 的乘积矩阵 T =M×N。

TransposeMatrix(M,&MT)

操作前提：矩阵 M 已存在。

操作结果：得到矩阵 M 的转置矩阵 MT。

} ADT Matrix

1. 采用二维数组存储结构实现矩阵的基本操作

矩阵采用二维数组存储结构实现时，存放矩阵元的对应二维数组可以在编译阶段预先分配足够大的地址空间，而行数和列数到初始化时再确定，这样，需要同时给出指示矩阵实际所占行数和列数的成员变量。其类型定义可用 C 语言描述如下：

```
typedef   struct{
    ElemType   Array[MAX+1][MAX+1];      // 矩阵二维数组空间
    int   Row, Col;      // 矩阵行数和列数指示成员
} SqMatrix;
```

通常表述中，矩阵行和列的起始值为1。这里符合表述习惯，约定二维数组行和列的 0 下标单元闲置。

下面讨论基于 SqMatrix 类型的矩阵实现 ADT 定义中基本操作算法的分析。为了方便算法描述，以下将矩阵中的数据元定义为整型。

（1）InitiateMatrix 操作

采用 SqMatrix 类型定义的结构体变量 M 本身即包含了预置的足够大空间的二维数组成员 Array，执行本操作的目的，是将变量 M 初始化为一个指定行数和列数的矩阵变量，可用于存储某个具体的矩阵。因此，算法只需要根据给定参数设置 M 的行成员 Row 和列成员 Col 即可。构造生成的矩阵变量通过地址传递的参数 M 带回，算法函数无须返回值，其 C 语言描述如下：

```
void   InitiateMatrix_SQ (SqMatrix   *M, int   row, int   col){
    M->Row = row;   M->Col = col;
}//End_InitiateMatrix_SQ
```

实践操作中，该操作的意义仅仅是初始化一个指定行数和列数的矩阵。

（2）FreeMatrix 操作

采用 SqMatrix 类型存储的矩阵 M，其二维数组空间在编译阶段分配，且在程序运行期间空间不释放，则矩阵回收操作只需将其行数和列数置为 0 即可。算法的 C 语言描述如下：

```
void   FreeMatrix_SQ (SqMatrix   *M){
    M->Row = M->Col = 0;
}//End_FreeMatrix_SQ
```

（3）PrintMatrix 操作

输出 SqMatrix 存储类型的矩阵 M 时，算法语句同输出二维数组一样，按行列格式输出矩阵中的各行列元。该操作对矩阵无修改，则函数无须地址传递参数。

算法函数无返回值，其 C 语言描述如下：

```
void   PrintMatrix_SQ (SqMatrix   M){
    for(int i=1;i<=M.Row;i++){
        for (int j=1;j<=M.Col;j++)
            printf("%d", M.Array[i][j]);         // 输出矩阵元
        printf("\n");         // 输出一行元素后换行
    }//End_for_i
}//End_PrintMatrix_SQ
```

（4）CopyMatrix 操作

该操作由矩阵 M 复制得到矩阵 T。对于采用 SqMatrix 存储类型的矩阵来说，算法主要实现二维数组元素的复制。复制矩阵通过地址传递参数 T 带回，函数无须返回值。其 C 语言描述如下：

```
void   CopyMatrix_SQ (SqMatrix   M, SqMatrix   *T ){
```

```
        T->Row = M.Row;    T->Col = M.Col;        // 复制矩阵行列数
        for(int i=1;i<=M.Row;i++)
            for(int j=1;j<=M.Col;j++)
                T->Array[i][j] = M.Array[i][j];        // 复制对应矩阵元
    }//End_CopyMatrix_SQ
```

（5）AddMatrix 操作

该操作将行数和列数对应相等的矩阵 M 和 N 相加得到"和"矩阵 T。对于采用 SqMatrix 存储类型的矩阵来说，算法的核心语句为二维数组的对应行列元素相加，并将"和"矩阵通过地址传递参数 T 带回。函数无须返回值，其 C 语言描述如下：

```
    void   AddMatrix_SQ (SqMatrix  M, SqMatrix  N, SqMatrix  *T ){
        // 和矩阵 T 的行列数同参与求和的两个矩阵一致
        T->Row = M.Row;    T->Col = M.Col;
        for(int i=1;i<=M.Row;i++)
            for(int j=1;j<=M.Col;j++)
                // 和矩阵的矩阵元为 M 和 N 矩阵的对应矩阵元之和
                T->Array[i][j] = M.Array[i][j]+N.Arrar[i][j];
    }//End_AddMatrix_SQ
```

（6）SubMatrix 操作

该操作将行数和列数对应相等的矩阵 M 和 N 相减得到"差"矩阵 T。对于采用 SqMatrix 存储类型的矩阵来说，算法的核心语句为二维数组的对应行列元素相减，并将"差"矩阵通过地址传递参数 T 带回。函数无须返回值，其 C 语言描述如下：

```
    void   SubMatrix_SQ(SqMatrix   M, SqMatrix   N, SqMatrix   *T ){
        // 差矩阵 T 的行列数同参与求差的两个矩阵一致
        T->Row = M.Row;    T->Col = M.Col;
        for (int i=1;i<=M.Row;i++)
            for (int j=1;j<=M.Col;j++)
                // 差矩阵的矩阵元为 M 的矩阵元减去 N 的对应矩阵元
                T->Array[i][j] = M.Array[i][j]-N.Arrar[i][j];
    }//End_SubMatrix_SQ
```

（7）MultMatrix 操作

该操作将矩阵 M 和 N 相乘，得到"乘积"矩阵 T，操作前提要求 M 的列数和 N 的行数对应相等。对于采用 SqMatrix 存储类型的矩阵，算法的核心语句为对双重循环的循环体，即对矩阵 M 和 N 的二维数组成员对应相乘并累加。所得"乘积"矩通过地址传递参数 T 带回，函数无须返回值，其 C 语言描述如下：

```
void   MultMatrix_SQ (SqMatrix   M, SqMatrix   N, SqMatrix   *T){
        T->Row = M.Row;        // 乘积矩阵 T 的行数为矩阵 M 的行数
        T->Col = N.Col;        // 乘积矩阵 T 的列数为矩阵 N 的列数
        for(int i=1;i<= M.Row;i++)
            for(int j=1;j<= N.Col;j++){
                T->Array[i][j] = 0;
                for(int k=1;k<=M.Col; k++)
                // 乘积矩阵元为 M 的行与 N 的列中对应矩阵元之积的累加和
                T->Array[i][j] += M.Array[i][k]*N.Array[k][j];
            }//End_for_ j
}//End_MultMatrix_SQ
```

（8）TransposeMatrix 操作

该操作得到矩阵 M 的转置矩阵 T。对于采用 SqMatrix 存储类型的矩阵来说，算法的核心语句同二维数组的复制类似，不同之处在于转置矩阵复制的矩阵元为以主对角线为轴的对称矩阵元。转置矩阵通过地址传递参数 T 带回，函数无须返回值，其 C 语言描述如下：

```
void   TransposeMatrix_SQ (SqMatrix   M, SqMatrix   *T ){
        T->Row = M.Col;        // 转置矩阵 T 的行数为矩阵 M 的列数
        T->Col = M.Row;        // 转置矩阵 T 的列数为矩阵 M 的行数
        for(int i=1; i <= T->Row; i++)
            for(int j=1; j <= T->Col; j++)
                // 转置矩阵的矩阵元为矩阵 M 以主对角线对称的矩阵元
                T->Array[i][j] = M.Array[j][i];
}//End_TransposeMatrix_SQ
```

2. 特殊矩阵的压缩存储

采用二维数组存储矩阵的方法简单易行，其优点是可以简单随机地访问每一个元素，从而易于实现矩阵的各种运算。

数值分析中经常会出现一些高阶矩阵，其中有很多值相同的元素或零元素（称"特殊矩阵"或"稀疏矩阵"）。对于稀疏矩阵（设 $m \times n$ 的矩阵中有 t 个不为 0 的元素，令 $\delta = \dfrac{1}{m \times n}$ 称 δ 为矩阵的稀疏因子，通常认为 δ ≤ 0.05 时为稀疏矩阵）来说，大量零元素的存储会造成存储空间的浪费。为了在实现矩阵相关操作的同时提高存储空间的利用率，需要对此类矩阵进行有效的压缩存储。

压缩存储的原则有以下三点：

① 尽可能少存或不存零值元素。

② 尽可能减少没有实际意义的运算。

③ 便于尽快找到与下标值对应的元素，或便于尽快找到同一行或同一列的非零元素。

鉴于上述原则，压缩存储通常采用的方法为：对于对称矩阵来说，可为多个同值元分配一个存储空间，然后根据相应的定址法则定位各同值元；对于稀疏矩阵来说，只存储矩阵中的非零元素，而对零值元素不分配存储空间。

矩阵的操作均可归结为对矩阵元素的定位和修改两大类，这两类操作都是根据给定的一组行列值进行元素的访问。对于特殊矩阵（如对称矩阵、三角矩阵、带状矩阵等）来说，采用压缩存储结构时，算法设计中的主要待解决问题是：如何将矩阵元的行列下标组同一维的存储单元下标相对应。这些对应的定址公式在各参考文献中均有详细介绍，限于篇幅，本书对该部分内容不再赘述，只重点介绍稀疏矩阵的压缩存储技术及相关算法的分析与优化。

（1）三元组表

由于稀疏矩阵中的非零元素分布没有规律，要实现压缩存储，一种有效的存储方案是采用三元组压缩存储技术。该技术在实现记录非零矩阵元的元素值同时，标记出其所在行、列的下标，即每个非零元素由三元组 (row, column, value) 构成。由非零元素三元组构成三元组表。

稀疏矩阵采用三元组表压缩存储技术时，若将其中各非零元组按"行序为主、列序为辅"的顺序排成一个序列，则在该序列中，除了首尾三元组以外，其余三元组都只有唯一的前驱和后继。显然，三元组表属于线性逻辑结构，同线性表一样，可采用顺序和非顺序两种物理结构进行存储，具体采用哪种存储结构主要取决于为设计实现矩阵的哪些操作服务。非顺序存储方式主要采用链式存储结构（比如十字链表），适用于设计实现需要改变稀疏矩阵中非零元素个数的操作（如矩阵相加、相减、相乘等），此类操作通常可能产生非零元素三元组的插入和删除；而对于矩阵转置之类不改变矩阵中非零元素个数的操作，则采用顺序存储结构（向量）实现较为方便。

（2）三元组顺序表

三元组表的顺序存储结构称为三元组顺序表，是符合前述压缩存储技术要求的存储结构之一。

三元组顺序表的类型定义分为两个部分：即构成顺序表的三元组类型定义和三元组顺序表类型定义。

三元组类型定义的 C 语言描述如下：

```
typedef struct {
    int   row, col;        //非零元的行下标和列下标
    ElemType   val;        //非零元的元素值
} Triple
```

要存储稀疏矩阵，还应指明矩阵的总行数、总列数和矩阵中非零元素的总个数。大多数参考文献中关于稀疏矩阵存储结构的定义均额外声明用于存储这三方面信息的结构体成员变量。其类型定义可用 C 语言描述如下：

```
typedef   struct {
    Triple   data[MAX + 1];        //存储三元组表的一维空间
    int   m, n, t;   //矩阵的总行数、总列数和非零元素总个数
} TSMatrix;   //稀疏矩阵类型
```

这种存储结构类型定义为大部分参考文献所采纳，本书分析并给出另一种简化存储方法。

(3) 改进的三元组顺序表

由于稀疏矩阵的总行数 m 和总列数 n 同非零元素三元组的行下标 row 以及列下标 col 类型一致，C 语言的数组下标从 0 起始，而表述习惯中矩阵的行列编号起始值为 1，即可利用三元组向量 data 的 0 下标单元存储稀疏矩阵的总行数和总列数，从而无须额外定义成员变量 m 和 n。特别是当矩阵中非零元的元素值 val 成员的类型也为整型时，还可将标识矩阵中非零元素总个数的成员变量 t 利用向量 data 的 0 下标单元中三元组的 val 成员存储，从而节省额外定义的成员变量 t。此时，可用 C 语言重新描述改进的稀疏矩阵三元组顺序表类型如下：

```
#define MAX 1000
typedef struct{
    int   row, col, val;
}Triple;
typedef   Triple   ATSMatrix [MAX];
```

根据定义，采用改进的 ATSMatrix 类型定义的将是一个空间大小为 MAX 的三元组顺序表向量。

(4) 三元组十字链表

当稀疏矩阵的非零元个数和位置在操作中变化较多时，就不宜采用三元组顺序

表存储结构来实现相关操作，应考虑采用链式存储结构。

在三元组的链表存储结构中，每个非零元可用一个含五个域的结点表示，其中 row、col 和 val 仍和三元组顺序表定义一样，用于存储非零元素三元组。额外增加的两个域分别为 right 和 down 指针域，其中 right 用于链接同一行中的下一个非零元，down 用于链接同一列中的下一个非零元。这样，每个非零元既是某个行链表中的一个结点，又是某个列链表中的一个结点，整个稀疏矩阵构成十字链表结构。

在三元组十字链表中，同一行的非零元通过 right 域链接成一个线性链表，同一列的非零元通过 down 域链接成一个线性链表，可用两个分别存储行链表头指针和列链表头指针的一维数组表示。图 3.1 所示为一个 5 行 6 列的稀疏矩阵。

$$\begin{bmatrix} 0 & 0 & 0 & 0 & -1 & 0 \\ 0 & 0 & 0 & 0 & 0 & 0 \\ 5 & 0 & 0 & 0 & 0 & 0 \\ 0 & 0 & 0 & 0 & 0 & 0 \\ 0 & 0 & 0 & 8 & 0 & 0 \end{bmatrix}$$

图 3.1　一个 5 行 6 列的稀疏矩阵

其十字链表存储结构如图 3.2 所示。

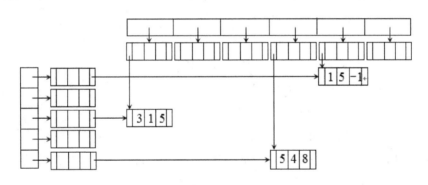

图3.2　图3.1所示5行6列稀疏矩阵对应的十字链表存储结构示意图

稀疏矩阵的十字链表存储结构的类型定义可用 C 语言描述如下：

```
typedef struct OLinkNode{
    int    row, col;
    ElemType    val;
    struct OlinkNode    *right,*down;
}OLNode,*OLink;        // 非零元素三元组结点类型定义
typedef    struct{
    Olink    *rowHead,*colHead;        // 行列头指针向量由创建矩阵操作分配
```

```
        int   m, n, t;      // 稀疏矩阵行数、列数和非零元个数
}CrossLinkMatrix;
```

3. 稀疏矩阵基本操作的实现

下面分析稀疏矩阵基本操作的设计与实现。

（1）InitiateMatrix 操作

类似前述二维数组存储类型 SqMatrix 实现初始化操作的算法，初始化一个稀疏矩阵也需要预先给定矩阵的总行数和总列数。

由于稀疏矩阵三元组可以采用顺序表和链表两种存储结构，下面分别给出采用改进的三元组顺序表 ATSMatrix 和三元组十字链表 CrossLinkMatrix 两种存储类型实现初始化矩阵操作的算法分析与设计。

① 基于 ATSMatrix 类型的实现

对于采用 ATSMatrix 类型的向量 M 来说，其向量空间是预置的且足够大，因而，初始化操作算法的核心就是为一维数组 M 的 0 下标单元的成员 row 和 col 赋初值。

算法执行结果构造生成的指定行数和列数的稀疏矩阵，可通过参数 M 带回，函数无须返回值，其 C 语言描述如下：

```
void   InitateMatrix_ATS (ATSMatrix   M, int   row, int   col){
        // 以指定参数初始化稀疏矩阵的行列值
        M[0].row = row;   M[0].col = col;
}//End_InitateMatrix_ATS
```

② 基于 CrossLinkMatrix 类型的实现

对采用 CrossLinkMatrix 类型存储的稀疏矩阵 M 进行初始化时，其成员行数 m 和列数 n 作为操作前提指定。由于构成三元组十字链表的行和列线性链表，分别通过行链表头指针向量和列链表头指针向量指向，该操作算法还需要为行链表和列链表头指针向量申请空间并初始化。

同线性单链表一样，为了方便执行插入和删除操作，算法还将为各行列头指针分别申请附加头结点，从而初始化操作完成后，每个行列头指针均为指向附加头结点的空单链表。

算法执行结果构造生成的稀疏矩阵通过地址传递参数 M 带回，函数无须返回值。其 C 语言描述如下：

```
void   InitateMatrix_CL (CrossLinkMatrix *M, int   row, int   col){
        // 以指定参数初始化稀疏矩阵的行列值
```

```
        M->m = row;    M->n = col;
    // 申请行头指针和列头指针向量的空间，0 下标单元均闲置
        M->rowHead =(OLink*)malloc((m+1)*sizeof(OLink));
        M->colHead = (OLink*)malloc((n+1)*sizeof(OLink));
        for(int i=1;i<=m;i++){       // 为每个行头指针申请附加头结点并置空
            OLNode    *s = (OLNode *)malloc(sizeof(OLNode));
            s ->right = NULL;
            M->rowHead[i] = s;       // 行头指针指向行链表附加头结点
        }//End_for
        for(int i=1;i<=n;i++){       // 为每个列头指针申请附加头结点并置空
            OLNode    *s = (OLNode *)malloc(sizeof(OLNode));
            s ->down = NULL;
            M->colHead[i] = s;       // 列头指针指向列链表附加头结点
        }//End_for
}//End_InitateMatrix_CL
```

同样，该操作算法的目的是对稀疏矩阵的空间进行初始化，为后期复制具体矩阵中各非零元素三元组做铺垫。

（2）FreeMatrix 操作

① 基于 ATSMatrix 类型的实现

回收 ATSMatrix 存储类型的稀疏矩阵时，由于矩阵的向量空间在编译阶段分配，程序运行期间不释放，从而回收操作相当于清空操作，因此，算法的核心步骤是将代表矩阵行数、列数和非零元素总个数的 0 下标单元的三个成员变量 row、col 和 val 清 0。

算法函数无须返回值，可用 C 语言描述如下：

```
void    FreeMatrix_ATS (ATSMatrix    M){
        M[0].row = M[0].col = M[0].val = 0;
}//End_FreeMatrix_ATS
```

② 基于 CrossLinkMatrix 类型的实现

由于采用 CrossLinkMatrix 类型存储的稀疏矩阵 M，其十字链表中各三元组结点的空间是在程序运行过程中动态申请的，在执行稀疏矩阵的回收操作时，需要将行列链表中的各结点所占空间逐一释放。

完成全部三元组结点空间（含附加头结点空间）的回收后，再释放初始化操作中动态申请的行列头指针向量所占空间。最后，将 M 中代表矩阵行数、列数和非零元

素总个数的三个成员变量 row、col 和 val 置 0。

算法函数无须返回值，被释放空间的稀疏矩阵通过地址传递的结构体变量 M 带回。算法的 C 语言描述如下：

```
void    FreeMatrix_CL (CrossLinkMatrix    *M){
    for(int i=1;i<=M->m;i++){
        // 释放各行链表中的非零元素三元组结点所占空间
        OLNode    *p = M->rowHead[i];
        while(p->right){
            OLNode    *s = p->right;
            p->right = s->right;
            free(s);        // 回收某行单链表中各结点所占空间
        }//End_while
        free(p);        // 回收各行链表中的附加头结点所占空间
    }//End_for
    for (int i=1;i<=M->n;i++){
        OLNode    *p = M->colHead[i];
        free(p);        // 释放各列链表中的附加头结点所占空间
    }//End_for
    free(M->rowHead);        // 释放行头指针向量所占空间
    free(M->colHead);        // 释放列头指针向量所占空间
    // 清空结构体变量 M 的其余成员
    M->m = M->n = M->t = 0;
}//End_FreeMatrix_CL
```

（3）PrintMatrix 操作

同采用二维数组存储结构 SqMatrix 的算法实现不同，若采用压缩存储技术实现的稀疏矩阵若仍按行列方式输出，则由于矩阵中的零元素远远多于非零元，算法需要耗费大量的时间输出各零元素。特别是对于总行数和总列数较大，而其中的非零元非常少的矩阵来说，操作实现过于复杂而且实际意义不大。因此，稀疏矩阵的输出主要以输出其中的非零元素三元组为主。根据习惯，各非零元素三元组通常按照"行序为主、列序为辅"的方式输出。

① 基于 ATSMatrix 类型的实现

采用 ATSMatrix 类型存储时，矩阵中的非零元素三元组存储在一维向量中。由于在创建稀疏矩阵时，各非零元素均已根据其所在的行和列，按照"行序为主、列序为辅"的方式连续存储，则输出稀疏矩阵时，算法只需要借助循环逐一输出向量 data 中的各非零元素三元组即可。

算法函数无须返回值，其 C 语言描述如下：

```
void   PrintMatrix_ATS (ATSMatrix   M){
    printf("%8s%8s%8s\n " , " row " , " column " , " value");
    for(int i=1;i<=M[0].val;i++)      // 以行序为主序逐个输出各非零元素三元组
        printf("%8d%8d%8d\n",M[i].row, M[i].col, M[i].val);
}//End_PrintMatrix_ATS
```

② 基于 CrossLinkMatrix 类型的实现

稀疏矩阵采用 CrossLinkMatrix 类型存储时，每个非零元素三元组结点既是某个行链表中的结点，又是某个列链表中的结点。在三元组十字链表中，同一行的非零元通过 right 域链接成一个线性链表，同一列的非零元通过 down 域链接成一个线性链表。稀疏矩阵的每一行和每一列，分别通过行链表头指针和列链表头指针指向。按"行序为主、列序为辅"的方式输出稀疏矩阵时，算法的核心操作是以行头指针向量为主，依次输出其中各非空链表的三元组结点即可。

算法函数无须返回值，其 C 语言描述如下：

```
void   PrintMatrix_CL (CrossLinkMatrix   M){
    printf("%8s%8s%8s\n ","row","column","value");
    for(inti=1;i<=M.m;i++)   {      // 按行输出
        OLNode   *p = M.rowHead[i]->right;
        // 输出各行链表中的非零元素三元组
        while(p){
            printf("%8d%8d%8d\n",p->row, p->col, p->val);
            p = p->right;
        }//End_while
    }//End_for
}//End_PrintMatrix_CL
```

（4）CopyMatrix 操作

对于稀疏矩阵的复制操作来说，矩阵中的非零元在复制过程中没有个数和位置上的改变，因此，该算法适合选用三元组表的顺序存储结构实现。同基于二维数组存储类型 SqMatrix 实现的算法不同，采用改进的三元组顺序表存储类型 ATSMatrix 定义的稀疏矩阵通过一维数组存储，设计该算法时，其核心语句只需要将一维向量中的下标元素逐一复制即可。

复制矩阵通过参数 T 带回，算法函数无须返回值，其 C 语言描述如下：

```
void    CopyMatrix_ATS (ATSMatrix    M, ATSMatrix    T){
    for(int i=0;i<=M[0].val;i++)
        T[i] = M[i];    // 逐一复制向量中的各非零元素三元组
}//End_CopyMatrix_ATS
```

对于采用压缩存储技术的稀疏矩阵来说，求和操作 AddMatrix、求差操作 SubMatrix 和相乘操作 MultMatrix 都可能使矩阵中非零元素三元组的个数发生改变。对于三元组顺序表来说，各非零元素三元组按"行序为主、列序为辅"的顺序连续存储，非零元的插入和删除操作会将时间耗费在元素移动上，降低算法的时间效率，因而对这三种基本操作建议采用 CrossLinkMatrix 存储结构实现。

（5）AddMatrix 操作

对采用 CrossLinkMatrix 类型定义的行数和列数对应相等的两个稀疏矩阵 M 和 N 执行求和操作时，可按行头指针向量 rowHead 中的头指针顺序定位行单链表中的各非零元结点。

算法需要考虑的关键问题如下：

• 函数的返回值：矩阵 M 和 N 求和得到的"和"矩阵通过地址传递参数 T 带回，函数无须返回值，C 语言函数类型可定义为 void。

• 算法的关键操作步骤：

① 首先可借助初始化算法，将和矩阵 T 初始化为与两个参与求和的矩阵 M 和 N 行数和列数一致。

② 按行单链表逐行递增顺序进行各行的对应元素求和。

③ 对第 i 行单链表来说，若参与求和的两个矩阵 M 和 N 在第 i 行都存在非零元，则对第 i 行单链表分以下三种情况进行处理：

    a) 当矩阵 M 的当前结点所在列位于矩阵 N 的当前结点所在列之前时，新结点的行列值和元素值复制自 M 中的当前结点。

    b) 当矩阵 M 的当前结点所在列位于矩阵 N 的当前结点所在列之后时，新结点的行列值和元素值复制自 N 中的当前结点。

    c) 当矩阵 M 和 N 的当前结点位于相同列时，两个对应结点求和。若和非 0，则新结点的行列值和两个对应结点相同，元素值为两个结点之和；若和为 0，则继续判断下一对当前结点。

④ 若仅在参与求和的矩阵 M 的第 i 行存在非零元，则新结点的行列以及元素值复制自 M 的第 i 行中的非零元结点。

⑤ 若仅在参与求和的矩阵 N 的第 i 行存在非零元，则新结点的行列以及元

素值复制自 N 的第 i 行中的非零元结点。

⑥ 在生成和矩阵 T 的所有各行链表之后，逐行将其各行中的非零元结点通过 down 指针链接到结点列号对应的列链表表尾，从而创建和矩阵 T 的各列链表。

综上设计思路，稀疏矩阵求和操作对应的算法可用 C 语言描述为：

```c
void AddMatrix_CL(CrossLinkMatrix M, CrossLinkMatrix N, CrossLinkMatrix *T ){
    // 调用初始化函数对和矩阵 T 进行初始化
    InitateMatrix_CL(T, M.m, M.n);
    OLNode    *pm,*pn,*pt;
            //pm、pn、pt 分别为指向矩阵 M、矩阵 N 和矩阵 T 中结点的指针
    for (int i=1; i<=M.m; i++) {      // 按行进行求和
        pm = M.rowHead[i]->right;
            //pm 初始指向矩阵 M 的第 i 行链表中附加头结点的后继结点
        pn = N.rowHead[i]->right;
            //pn 初始指向矩阵 N 的第 i 行链表中附加头结点的后继结点
        pt = T->rowHead[i];
            //pt 初始指向矩阵 T 的第 i 行链表的附加头结点
        while(pm && pn){      // 参与求和的两个矩阵的当前行均存在非零元
            // 对比矩阵 M 和矩阵 N 中分别由 pm 和 pn 所指的结点
            if(pm->col < pn->col)      //pm 结点列号小于 pn 结点
            {      // 为和矩阵 T 申请新的非零元结点空间并由指针 s 指向
                OLNode    *s = (OLNode *)malloc(sizeof(OLNode));
                s->row = i;          // 新结点的行值为当前行 (第 i 行)
                // 新结点的列值和元素值复制自 pm 所指结点
                s->col = pm->col;    s->val = pm->val;
                // 将新结点插入和矩阵 T 当前行链表表尾
                s->right = NULL;    pt->right = s;    pt = s;
                //pm 后移指向矩阵 M 当前行链表中的下一个结点
                pm = pm->right;    }
            else if(pm->col > pn->col)//pm 结点列号大于 pn 结点
            {      // 为和矩阵 T 申请新的非零元结点空间并由指针 s 指向
                OLNode *s = (OLNode *)malloc(sizeof(OLNode));
                s->row = i;      // 新结点的行值为 i
```

```
                    // 新结点的列值和元素值复制自 pn 所指结点
                    s->col = pn->col;    s->val = pn->val;
                    // 将新结点插入和矩阵 T 当前行链表表尾
                    s->right = NULL;    pt->right = s;    pt = s;
                    //pn 后移指向和矩阵 N 当前行链表中的下一个结点
                    pn = pn->right;    }
            else if(pm->col == pn->col)
            {    //pm 结点和 pn 结点列号相同，所指的对应结点求和
                    if (c = pm->val + pn->val) // 对应结点之和非零
                    {    // 为和矩阵 T 申请新的非零元结点空间并由 s 指向
                            OLNode *s = (OLNode *)malloc(sizeof(OLNode));
                            s->row = i;      // 新结点的行值为 i
                            // 新结点的列值为对应求和结点所在列
                            s->col = pm->col;
                            s->val = c;    // 新结点的元素值为对应结点之和
                            // 将新结点插入差矩阵 T 当前行链表表尾
                            s->right = NULL;    pt->right = s;    pt = s;    }
                    //pm 后移指向矩阵 M 当前行链表中的下一个结点
                    pm = pm->right;
                    //pn 后移指向矩阵 N 当前行链表中的下一个结点
                    pn = pn->right;
            }//End_if
    }//End_while(pm && pn)
    while (pm){    // 矩阵 M 的第 i 行仍存在非零元结点
        // 为和矩阵 T 申请新的非零元结点空间并由指针 s 指向
        OLNode *s = (OLNode *)malloc(sizeof(OLNode));
        s->row = i;    // 新结点的行值为当前行 i
        // 新结点的列和元素值复制自 pm 所指结点
        s->col = pm->col;    s->val = pm->val;
        // 将新结点插入和矩阵 T 中第 i 行链表的表尾
        s->right = NULL;    pt->right = s;    pt = s;
        //pm 后移指向矩阵 M 第 i 行链表中的下一个结点
        pm =pm->right;
```

```
    }//End_while(pm)
    while(pn){    // 矩阵 N 的第 i 行仍存在非零元结点
        // 为和矩阵 T 申请新的非零元结点空间并由指针 s 指向
        OLNode *s= (OLNode *)malloc(sizeof(OLNode));
        s->row = i;    // 新结点的行值为当前行 i
        // 新结点的列和元素值复制自 pn 所指结点
        s->col = pn->col;    s->val = pn->val;
        // 将新结点插入和矩阵 T 中第 i 行链表的表尾
        s->right = NULL;    pt->right = s;    pt = s;
        //pn 后移指向矩阵 N 第 i 行链表中的下一个结点
        pn = pn->right;
    }//End_while(pn)
}//End_for
// 按列递增顺序链接矩阵 T 的各列单链表①
for(int j=1;j <= T->n;j++){
    pt = Q->colHead[j];
        //pt 初始指向矩阵 T 的第 j 列链表的附加头结点
    // 逐行定位属于 T 中第 j 列的结点
    for(int i=1; i <= T->m; i++){
        // 定义并初始化指向和矩阵 T 中第 i 行各结点的指针变量 s
        OLNode *s = T->rowHead[i]->right;
            // s 初始指向当前行中的第 1 个结点
        // 定位行链表中属于第 j 列的结点
        while( s->col < j )        s = s->right;
        if(s->col == j){        // 定位到属于第 j 列的三元组结点
            // 将结点通过 down 域链接到第 j 列单链表表尾
            s->down = NULL;    pt->down = s;    pt = s;
        }//End_if
    }//End_for_i
}//End_for_j ②
}//End_AddMatrix_CL
```

其中，完成按列方式创建列链表的 down 域链接的语句段（注解中①和②之间的语句）部分，按照前述设计思路实现时，由于在创建第 j 列的 down 链接过程中，对于每行中的结点均重新进行判断定位，而没有跳过在创建第 j 列之前各列 down 链接时，行链表中已判断定位过的属于第 j-1 列之前的各结点，从而导致该部分语句段的时间复杂度较高。为了提高算法的时间效率，可以将该部分程序段修改为按行方式创建各列链表。

该部分语句段的 C 语言描述如下：

```
OLNode    *ptCol[T->n];
      //向量 ptCol 中的分量分别为指向和矩阵 T 的各列链表中结点的指针
//初始化向量 ptCol 中的指针分量分别指向 T 的各列链表表头
for(int j=1; j<=T->n; j++)    ptCol[j] = T->colHead[j];
//对矩阵 T 各行链表中的结点，根据其所在列号插入对应列链表中
for(int i=1; i <= T->m; i++){
      //定义并初始化指向矩阵 T 中第 i 行各结点的指针变量 s
      //s 初始指向当前行中的第 1 个结点
      OLNode    *s = T->rowHead[i]->right;
      while (s){    //当矩阵 T 中第 i 行存在非零元结点
            //将 s 所指结点插入其列号对应的列链表表尾
            s->down = NULL;
            ptCol[s->col]->down = s;
            ptCol[s->col] = s;
            s = s->right ; //s 后移指向其所在行链表中的后继结点
      }//End_while
}//End_for
```

显然，改进后的语句段由原先的三重循环变为双重循环，其时间复杂度降低了一个数量级。

(6) SubMatrix 操作

对采用 CrossLinkMatrix 类型定义的行数和列数对应相等的两个稀疏矩阵 M 和 N 执行求差操作时，也按行头指针向量 rowHead 中的头指针顺序定位行单链表中的各非零元结点。

算法需要考虑的关键问题如下：

• 函数的返回值：矩阵 M 和 N 相减得到的"差"矩阵通过地址传递参数 T 带回，函数无须返回值，C 语言函数类型可定义为 void。

• 算法的关键操作步骤：

① 首先可借助初始化算法，将差矩阵 T 初始化为与两个参与求和的矩阵 M

和 N 行数和列数一致。

② 按行单链表逐行递增顺序进行各行的对应元素求差。

③ 对第 i 行单链表来说，若参与求差的两个矩阵 M 和 N 在第 i 行都存在非零元，则对第 i 行单链表分以下三种情况进行处理：

    a) 当矩阵 M 的当前结点所在列位于矩阵 N 的当前结点所在列之前时，新结点的行列值和元素值复制自 M 中的当前结点。

    b) 当矩阵 M 的当前结点所在列位于矩阵 N 的当前结点所在列之后时，新结点的行列值复制自 N 中的当前结点，元素值为 N 中当前结点元素值的负数。

    c) 当矩阵 M 和 N 的当前结点位于相同列时，两个对应结点相减。若差非 0，则新结点的行列值和两个对应结点相同，元素值为两个结点之差；若差为 0，则继续判断下一对当前结点。

④ 若仅在参与求差的矩阵 M 的第 i 行存在非零元，则新结点的行列以及元素值复制自 M 的第 i 行中的非零元结点。

⑤ 若仅在参与求差的矩阵 N 的第 i 行存在非零元，则新结点的行列值复制自 N 的第 i 行中的非零元结点，元素值为 N 中当前结点元素值的负数。

⑥ 在生成差矩阵 T 的所有各行链表之后，逐行将其各行中的非零元结点通过 down 指针链接到结点列号对应的列链表表尾，从而创建差矩阵 T 的各列链表。

综上，稀疏矩阵相减操作对应的算法可用 C 语言描述如下：

```
void SubMatrix_CL(CrossLinkMatrix M, CrossLinkMatrix N, CrossLinkMatrix *T ){
// 调用初始化函数对差矩阵 T 进行初始化
InitateMatrix_CL(T, M.m, M.n);
OLNode *pm,*pn,*pt;
        //pm、pn、pt 分别为指向矩阵 M、矩阵 N 和矩阵 T 中结点的指针
for(int i=1; i<=M.m; i++){       // 按行创建差矩阵的各行单链表
    pm = M.rowHead[i]->right;
        //pm 初始指向矩阵 M 的第 i 行链表中附加头结点的后继结点
    pn = N.rowHead[i]->right;
        //pn 初始指向矩阵 N 的第 i 行链表中附加头结点的后继结点
    pt = T->rowHead[i];
        //pt 初始指向差矩阵 T 的第 i 行链表的附加头结点
    while(pm && pn){       // 参与求差的两个矩阵的当前行均存在非零元
```

```
// 对比矩阵 M 和矩阵 N 中分别由 pm 和 pn 所指的结点
if(pm->col < pn->col)      //pm 结点列号小于 pn 结点
{   // 为差矩阵 T 申请新的非零元结点空间并由指针 s 指向
    OLNode *s = (OLNode *)malloc(sizeof(OLNode));
    s->row = i;          // 新结点的行值为当前行 (第 i 行)
    // 新结点的列值和元素值复制自 pm 所指结点
    s->col = pm->col;   s->val = pm->val;
    // 将新结点插入差矩阵 T 当前行链表表尾
    s->right = NULL;  pt->right = s;  pt = s;
    //pm 后移指向矩阵 M 当前行链表中的下一个结点
    pm = pm->right;      }
else if(pm->col > pn->col)      //pm 结点列号大于 pn 结点
{     // 为差矩阵 T 申请新的非零元结点空间并由指针 s 指向
    OLNode *s = (OLNode *)malloc(sizeof(OLNode));
    s->row = i;        // 新结点的行值为 i
    // 新结点的列值复制自 pn 所指结点
    s->col = pn->col;
    // 新结点的元素值为 pn 所指结点元素值的相反数
    s->val = -1 * pn->val;
    // 将新结点插入差矩阵 T 当前行链表表尾
    s->right = NULL;  pt->right = s;  pt = s;
    //pn 后移指向矩阵 N 当前行链表中的下一个结点
    pn = pn->right;}
else if(pm->col == pn->col)
{  //pm 结点和 pn 结点列号相同, 对应结点求差
    if(c = pm->val - pn->val)      // 对应结点之差非零
    {  // 为差矩阵 T 申请新的非零元结点空间并由 s 指向
        OLNode *s = (OLNode *)malloc(sizeof(OLNode));
        s->row = i;  // 新结点的行值为 i
        // 新结点的列值为对应结点所在列
        s->col = pm->col;
        s->val = c;      // 新结点的元素值为对应结点之差
        // 将新结点插入差矩阵 T 当前行链表表尾
```

```
                    s->right = NULL;

                    pt->right = s;   pt = s;   }

            //pm 后移指向矩阵 M 当前行链表中的下一个结点

            pm = pm->right;

            //pn 后移指向矩阵 N 当前行链表中的下一个结点

            pn = pn->right;

        }//End_if

    }//End_while(pm && pn)

    while(pm){   // 矩阵 M 的第 i 行仍存在非零元结点

        // 为差矩阵 T 申请新的非零元结点空间并由指针 s 指向

        OLNode *s = (OLNode *)malloc(sizeof(OLNode));

        s->row = i;   // 新结点的行值为当前行 i

        // 新结点的列和元素值复制自 pm 所指结点

        s->col = pm->col;   s->val = pm->val;

        // 将新结点插入差矩阵 T 中第 i 行链表的表尾

        s->right = NULL;   pt->right = s;   t = s;

        //pm 后移指向矩阵 M 第 i 行链表中的下一个结点

        pm =pm->right;

    }//End_while(pm)

    while(pn){       // 矩阵 N 的第 i 行仍存在非零元结点

        // 为差矩阵 T 申请新的非零元结点空间并由指针 s 指向

        OLNode *s= (OLNode *)malloc(sizeof(OLNode));

        s->row = i;   // 新结点的行值为当前行 i

        // 新结点的列值为 pn 所指结点的列号

        s->col = pn->col;

        // 新结点的元素值为 pn 所指结点元素值的相反数

        s->val = -1 * pn->val;

        // 将新结点插入差矩阵 T 中第 i 行链表的表尾

        s->right = NULL;   pt->right = s;   pt = s;

        //pn 后移指向矩阵 N 第 i 行链表中的下一个结点

        pn = pn->right;

    }//End_while(pn)

}//End_for
```

```
OLNode    *ptCol[T->n];
            // 向量 ptCol 中的分量分别为指向差矩阵 T 的各列链表中结点的指针
    // 初始化向量 ptCol 中的指针分量分别指向 T 的各列链表表头
    for(int j=1; j<=T->n; j++)        ptCol[j] = T->colHead[j];
    // 对矩阵 T 各行链表中的结点，根据其所在列号插入对应列链表中
    for(int i=1; i <= T->m; i++){
            // 定义并初始化指向矩阵 T 中第 i 行各结点的指针变量 s
            // s 初始指向当前行中的第 1 个结点
            OLNode    *s = T->rowHead[i]->right;
            while (s){      // 当矩阵 T 中第 i 行存在非零元结点
                // 将 s 所指结点插入其列号对应的列链表表尾
                s->down = NULL;
                ptCol[s->col]->down = s;
                ptCol[s->col] = s;
                s = s->right;        //s 后移指向其所在行链表中的后继结点
            }//End_while
    }//End_for
}//End_SubMatrix_CL
```

(7) MultMatrix 操作

对采用 CrossLinkMatrix 类型定义的两个稀疏矩阵 M 和 N 执行相乘操作时，操作前提要求 M 的列数和 N 的行数对应相等。算法设计思路也可按乘积矩阵 T 的行头指针向量 rowHead 中的顺序创建各行单链表中的非零元结点。

算法需要考虑的关键问题如下：

· 函数的返回值：矩阵 M 和 N 相乘得到的积矩阵通过地址传递参数 T 带回，函数无须返回值，C 语言函数类型可定义为 void。

· 算法的关键操作步骤：

① 首先可借助初始化算法，用矩阵 M 的行和矩阵 N 的列将积矩阵 T 初始化。

② 逐行创建乘积矩阵 T 的各行链表：矩阵 M 按行单链表逐行递增顺序，矩阵 N 按列单链表逐列递增顺序，对各行列对应元素结点求乘积的累加和。

③ 对矩阵 T 的第 i 行单链表来说，若相乘的两个矩阵 M 在第 i 行、N 在第 j 列都存在非零元，则仅当其为对应结点（即矩阵 M 第 i 行的第 k 列元素同矩阵 N 第 j 列的第 k 行元素）时，才进行相乘并累加。

④ 若累加和非零，为矩阵 T 第 i 行第 j 列创建非零元结点，并链接到 T 的第 i 行单链表表尾。

⑤ 在生成乘积矩阵 T 的所有各行链表之后，逐行将其各行中的非零元结点通过 down 指针链接到结点列号对应的列链表表尾，从而创建乘积矩阵 T 的各列链表。

以上设计思路对应的算法可用 C 语言描述如下：

```
void MultMatrix_CL(CrossLinkMatrix M,CrossLinkMatrix N,CrossLinkMatrix *T){
    // 调用初始化函数将乘积矩阵 T 初始化为 m 行 n 列的矩阵
    InitateMatrix_CL(T, M.m, N.n);
    OLNode    *pm,*pn,*pt;
        //pm、pn 和 pt 分别为指向矩阵 M、N 和乘积矩阵 T 中结点的指针
    for(int    i=1; i<=M.m; i++)        // 逐行创建乘积矩阵 T 的行链表
        for(int    j=1; j<=N.n; j++)    // 逐列创建 T 第 i 行的各非零元结点
            pm = M.rowHead[i]->right;
                //pm 初始指向矩阵 M 的第 i 行链表中附加头结点的后继结点
            pn = N.colHead[j]->down;
                //pn 初始指向矩阵 N 的第 j 列链表中附加头结点的后继结点
            pt = T->rowHead[i];
                //pt 初始指向矩阵 T 的第 i 行链表的附加头结点
            int c = 0;        // 用 c 求解 T 的当前行和列的元素值，初值置 0
            while(pm && pn){        // 矩阵 M 的当前行和矩阵 N 的当前列非空
            // 当 pm 结点的列号和 pn 结点的行号相同，对应矩阵元相乘并累加
                if(pm->col == pn->row)    c += pm->val * pn->val;
                //pm 后移指向 M 所在行链表中的下一个结点
                pm = pm->right;
                //pn 后移指向 N 所在列链表中的下一个结点
                pn = pn->down;
            }//End_while
            if(c){        // 乘积矩阵 T 第 i 行第 j 列存在非零元
                // 为新的非零元结点申请空间并由指针 s 指向
                OLNode *s = (OLNode *)malloc(sizeof(OLNode));
                s->row = i;        // 新结点的行号为矩阵 M 的当前行 i
                s->col = j;        // 新结点的列号为矩阵 N 的当前列 j
```

```
            //新结点的元素值为 M 和 N 对应矩阵元乘积的累加和 c
            s->val = c;
            //将新结点插入乘积矩阵 T 的第 i 行链表的表尾
            s->right = NULL;   pt->right = s;   pt = s;
        }//End_if
    }//End_for_j
}//End_for_i
OLNode   *ptCol[T->n];
    //向量 ptCol 中分量分别为指向乘积矩阵 T 的各列链表中结点的指针
//初始化向量 ptCol 中的指针分量分别指向 T 的各列链表表头
for(int j=1; j<=T->n; j++)   ptCol[j] = T->colHead[j];
//对矩阵 T 各行链表中的结点，根据其所在列号插入对应列链表中
for(int i=1; i <= T->m; i++){
    //定义并初始化指向矩阵 T 中第 i 行各结点的指针变量 s
    //s 初始指向当前行中的第 1 个结点
    OLNode   *s = T->rowHead[i]->right;
    while (s){       // 当矩阵 T 中第 i 行存在非零元结点
        //将 s 所指结点插入其列号对应的列链表表尾
        s->down = NULL;
        ptCol[s->col]->down = s;
        ptCol[s->col] = s;
        s = s->right;           //s 后移指向其所在行链表中的后继结点
    }//End_while
}//End_for
}//End_MultMatrix_CL
```

（8）TransposeMatrix 操作

对于稀疏矩阵的转置操作来说，矩阵中的非零元在求转置结点的过程中虽然没有个数上的改变，但生成的转置矩阵也需要按照"行序为主、列序为辅"的顺序存储，从而三元组的位置需要重新调整。当稀疏矩阵采用三元组顺序表实现时，存储空间相对节省，但由于需要考虑非零元素三元组位置的重调，而导致算法的时间效率降低；采用十字链表实现时，由于需要额外的指针空间，而导致空间利用率不高，但算法的时间效率可相对提升。

采用改进的三元组顺序表存储类型 ATSMatrix 实现的稀疏矩阵转置算法分析与

设计，将在随后进行更深层次的优化分析。下面首先给出采用三元组十字链表存储类型 CrossLinkMatrix 实现稀疏矩阵转置操作的算法分析与设计。

与采用二维数组存储结构不同，采用 CrossLinkMatrix 存储类型实现的稀疏矩阵在执行转置操作时，生成的转置矩阵中对应的非零元素三元组结点，不仅需要互换结点的行列值，还需要更新其所在的行链表和列链表的链接。

算法需要考虑的关键问题如下：

· 函数的返回值：转置矩阵通过地址传递参数 T 带回，函数无须返回值，C 语言函数类型可定义为 void。

· 算法的关键操作步骤：

① 首先可借助初始化算法，用矩阵 M 的行 m 和列 n 将转置矩阵 MT 初始化为 n 行 m 列的矩阵。

② 按原矩阵 M 的行递增顺序，逐行创建转置矩阵 T 的行链表。将 M 的第 i 行链表中各结点链接到 T 的对应行链表中的步骤如下：

　　a) 申请新结点空间；

　　b) 新结点元素值复制自矩阵 M 的第 i 行单链表中当前非零元结点的元素值；

　　c) 新结点的列号为 M 的第 i 行链表中当前被复制结点的行号；

　　d) 新结点的行号为 M 的第 i 行链表中当前被复制结点的列号；

　　e) 根据新结点的行号将其插入转置矩阵 T 中对应行链表的表尾。

③ 在生成转置矩阵 T 的所有各行链表之后，逐行将其各行中的非零元结点通过 down 指针链接到结点列号对应的列链表表尾，从而创建转置矩阵 T 的各列链表。

算法函数可用 C 语言描述如下：

```
void    TransposeMatrix_CL(CrossLinkMatrix M, CrossLinkMatrix *T ){
    //调用初始化函数将转置矩阵 T 初始化为 n 行 m 列的矩阵
    InitateMatrix_CL(T, M.n, M.m);
    OLNode    *pm,*ptRow[T->m],*ptCol[T->n];
            //pm 为指向原矩阵 M 当前行链表中的三元组结点的指针
            // 向量 ptRow 中的分量为指向转置矩阵 T 的各行链表中结点的指针
            // 向量 ptCol 中的分量为指向转置矩阵 T 的各列链表中结点的指针
    // 初始化向量 ptRow 中的指针分量分别指向 T 的各行链表表头
    for(int i=1; i<=T->m; i++)    ptRow[i] = T->rowHead[i];
    // 按矩阵 M 的行递增顺序创建转置矩阵 T 的各行链表
```

```
for(int  i=1; i<=M.m; i++){
    pm = M.rowHead[i]->right;
        //pm 初始指向矩阵 M 的第 i 行链表中附加头结点的后继结点
    while(pm){      // 矩阵 M 的当前行链表非空
        // 为转置矩阵 T 申请新的非零元结点空间并由指针 s 指向
        OLNode  *s = (OLNode *)malloc(sizeof(OLNode));
        s->row = pm->col;      // 新结点的行号为 pm 所指结点的列号
        s->col = pm->row;      // 新结点的列号为 pm 所指结点的行号
        s->val = pm->val;      // 新结点元素值为 pm 所指结点的元素值
    // 将新结点插入转置矩阵 T 的由 pm 所指结点列号对应的行链表的表尾
        s->right = NULL;
        ptRow[pm->col]->right = s;
        ptRow[pm->col] = s;
        //pm 后移指向矩阵 M 中第 i 行链表中的下一个结点
        pm = pm->right;
    }//End_while
}//End_for
// 初始化向量 ptCol 中的指针分量分别指向 T 的各列链表表头
for(int j=1; j<=T->n; j++)   ptCol[j] = T->colHead[j];
// 对矩阵 T 各行链表中的结点，根据其所在列号插入对应列链表中
for(int i=1; i <= T->m; i++){
    // 定义并初始化指向矩阵 T 中第 i 行各结点的指针变量 s
    // s 初始指向当前行中的第 1 个结点
    OLNode  *s = T->rowHead[i]->right;
    while (s){      // 当矩阵 T 中第 i 行存在非零元结点
        // 将 s 所指结点插入其列号对应列链表表尾
        s->down = NULL;
        ptCol[s->col]->down = s;
        ptCol[s->col] = s;
        s = s->right;          //s 后移指向其所在行链表中的后继结点
    }//End_while
}//End_for
}//End_TransposeMatrix_CL
```

采用改进的三元组顺序表存储类型 ATSMatrix 实现的稀疏矩阵转置算法，可以在传统算法的基础上加以优化。下面对该存储结构下的转置算法的设计与实现进行更深层次的优化分析。

(9) 三元组顺序表实现稀疏矩阵转置算法的优化分析

基于 ATSMatrix 类型实现矩阵转置的算法可分为直接转置、根据转置矩阵的行序进行转置和快速转置三种。

以下讨论中和前述算法一致，仍将原始矩阵记作 M (m 行 n 列)，转置矩阵记作 T。

① 直接转置算法

该算法的第一步直接将矩阵 M 的非零元素三元组的行列互换后赋值给转置矩阵 T；为了保证矩阵 T 仍然是以"行序为主序"存放，该算法还需要进一步对矩阵 T 中的三元组进行按行排序。

执行第一步时，算法的基本语句是实现三元组赋值操作的循环体语句，因而此部分算法的时间复杂度取决于矩阵中的非零元素三元组的个数 (视为问题的规模 n)，即 $T_1(n) = O(n)$；执行第二步时，算法的时间复杂度既同问题的规模 n 相关，又取决于所采用的排序算法，且排序过程中将有三元组的移动操作。例如，采用快速排序算法时该部分的平均时间复杂度 $T_2(n) = O(n\log_2 n)$，这样，两步操作总的时间复杂度为 $T(n) = T_1(n) + T_2(n) = O(n+n\log_2 n)$，即 $T(n) = O(n\log_2 n)$。

算法的核心语句为复制向量 M 中的各三元组分量，转置矩阵通过地址传递参数 T 带回。函数无须返回值，其 C 语言描述如下：

```
void    TransposeMatrix_ATS_1 (ATSMatrix    M, ATSMatrix    T){
    // 对矩阵 M 中的非零元进行逐个复制并转置
    for (int i=0; i <= M[0].val;i++){
        T[i].row = M[i].col;    T[i].col = M[i].row;    T[i].val = M[i].val;
    }//End_for
    // 按转置矩阵 T 中非零元的行序为主序，对各非零元进行排序
    // 排序的具体步骤可参考第 2 章的内部排序方法
}//End_TransposeMatrix_ATS_1
```

② 以转置矩阵行序为主序的转置算法

该算法是在矩阵 M 的三元组表中按照转置矩阵 T 的行序 (即矩阵 M 的列序)，逐一将 M 的三元组行列互换并赋值给 T 的转置操作。基于前述存储类型 ATSMatrix 的算法中，转置矩阵形参为向量，其实质是地址传递。算法的 C 语言描述如下：

```
void TransposeMatrix_ATS_2 (ATSMatrix    M, ATSMatrix    T){
```

```
        int i, j, r;
        // 初始化转置矩阵 T 的行、列数以及非零元素个数
        T[0].row = M[0].col;   T[0].col = M[0].row;   T[0].val = M[0].val;
        if(M[0].val){        // 矩阵 M 中有非零元则进行转置
            // 按转置矩阵 T 的行序逐行进行转置
            for(j=1,r=1; r<=T[0].row; r++)   //j 为 T 的三元组表下标，r 指示当前行号
                for(i=1; i<=M[0].val; i++){    //i 为 M 中三元组表的下标
                    if(M[i].col == r){   //M 中第 i 个三元组的列号为 T 的当前行号
                        // 转置复制 M 的当前三元组给 T
                        T[j].row = r;    T[j].col = M[i].row;    T[j].val = M[i].val;
                        j++;    //T 被赋值后，其当前三元组表下标 j 后移
                    }//End_if
                }//End_for_i
        }//End_if
    }//End_TransposeMatrix_ATS_2
```

程序中的基本语句是双重循环的循环体语句，因而算法的时间复杂度取决于转置矩阵 T 的总行数 N 和矩阵中非零元素三元组的个数 M[0].val(即前述问题的规模 n)，从而算法的时间复杂度为 $T(n) = O(N \times n)$。

③ 快速转置算法

快速转置算法是依次将待转置矩阵 M 的三元组行列互换后，直接放到转置矩阵 T 的三元组表中的正确位置。该算法需考虑两个因素：一是矩阵 M 每列中非零元素的个数（即转置矩阵 T 每一行中非零元素的个数）；二是矩阵 M 各列中第一个非零元素三元组在 T 中的正确位置（即矩阵 T 各行中第一个非零元素三元组在 T 中的正确位置）。其他文献中的类似解决方案是：设置两个数组 num[] 和 position[]，前者用来存放 M 中第 col 列 (T 中第 col 行) 的非零元素个数，后者用来存放 M 中第 col 列 (T 中第 col 行) 中第一个非零元素在三元组表 T 中的正确位置。

计算 num[col] 可通过一遍对矩阵 M 的三元组表的循环扫描，将其中列号为 col 的元素的对应 num[col] 加 1，而 position[col] 可通过递推公式 (3-1) 计算：

$$position[col] = \begin{cases} 1 & (col=1) \\ position[col-1]+num[col-1] & (1 < col < M[0].col) \end{cases} \quad (3-1)$$

得到上述两个数组的对应值后，要将 M 中的三元组直接放到 T 中的正确位置，可利用 position 数组实现：position[col] 的初值为矩阵 M 的三元组表中第 col 列 (T 中

第 col 行) 的第一个非零元素三元组在 T 中的正确位置，当 M 中第 col 列有一个元素加入三元组表 T 时，则对应 position[col] 的值加 1，即：使 position[col] 始终指向三元组表 M 中第 col 列中下一个非零元素在三元组表 T 中的正确位置。

基于前述存储类型 ATSMatrix 的 C 语言描述如下：

```
void FastTransMatrix (ATSMatrix M, ATSMatrix T){
    int col, i, j;        //col 作为辅助数组下标
              //i 指示矩阵 M 的三元组表下标，j 指示 T 的三元组表下标
    int   num[MAX], position[MAX];
              // 向量 num[MAX] 用于统计矩阵 M 各列中的非零元素个数
              // 向量 position[MAX] 存放 M 各列中第一个非零元在 T 中的正确位置
    // 初始化转置矩阵 T 的行、列数以及非零元素个数
    T[0].row = M[0].col;   T[0].col = M[0].row;   T[0].val = M[0].val;
    if(M[0].val){       // 矩阵 M 中有非零元则进行转置
        // 矩阵 M 各列中非零元素个数计数预置为 0
        for (col=1; col<=M[0].col; col++)      num[col] = 0;
        // 统计矩阵 M 各列中非零元素的个数
        for(i = 1; i <= M[0].val; i++)      num[M[i].col]++;
        position[1] = 1;          //T 中第 1 个非零元必然位于下标 1 处
        // 自 T 的第 2 行开始，求各行中第一个非零元在 T 中的正确位置
        for(col = 2; col <= M[0].col; col++)
            position[col] = position[col-1] + num[col-1];
        // 对矩阵 M 的三元组表扫描一遍完成转置
        for (i = 1; i <= M[0].val; i++){
            j = position[M[i].col];
            T[j].row = M[i].col;
            T[j].col = M[i].row;
            T[j].val = M[i].val;
            position[M[i].col]++;   // 转置赋值后，position 指示的位置后移
        }//End_for
    }//End_if
}//End_ FastTransMatrix
```

该算法程序由前后四个循环部分组成，调用时各个循环的基本语句分别执行了 M[0].col、M[0].val、M[0].col-1 和 M[0].val 次，其中 M[0].val 为非零元素个数，看

作问题的规模 n。 M[0].col 为转置矩阵的总行数 N，因而算法的平均时间复杂度为 T(n)= O(N+n)。随着问题的规模 n 逐渐增大，即非零元素个数接近矩阵的行列之积 (M×N) 时，则快速转置算法的时间复杂度接近非压缩存储的经典双重循环的转置算法（其时间复杂度为 T(n)=O(M×N)）。

④ 几种矩阵转置算法的对比分析

对比稀疏矩阵三元组顺序表压缩存储技术下三种算法的时间复杂度，可以做出以下总结：

快速转置算法的平均时间复杂度最低。对于直接转置方法和以转置矩阵行序为主序的转置方法来说，当问题的规模 n 较小时，$\log_2 n$ 也较小，因而此时直接转置算法的时间复杂度较低，但直接转置方法在对矩阵 T 中的三元组进行按行排序时要涉及元素的移动，算法的实际执行效率会有所降低。另外，随着问题的规模 n 的增大，即非零元素个数接近矩阵的行列之积 (M×N) 时，直接转置方法的时间复杂度接近 $O(M×N×\log_2(M×N))$，而以转置矩阵行序为主序的转置方法的时间复杂度接近 $O(M×N^2)$，均不如非压缩存储的经典双重循环实现转置的算法（其时间复杂度为 T(n) = O(M×N)）。此时快速转置算法的时间复杂度接近 O (M×N)。

稀疏矩阵的三元组表压缩存储结构虽然节约了存储空间，但同普通的矩阵存储方式比较，增加了实现相同操作时算法设计的难度。另外随着非零元素个数的增加，算法的时间效率也逐渐降低。可见，直接转置算法和以转置矩阵行序为主序的转置算法从某种程度上说是以时间为代价换取了空间的节省。快速转置算法虽然在时间效率上较前两种算法有所提高，但在空间上除了矩阵中的非零元素本身所占的三元组表空间外，还增加了两个辅助向量 num[N] 和 position[N] 的空间，其空间复杂度为 S(n) = O(2×N)。虽然算法在时间效率上有所提高，但却是以付出更多的存储空间为代价的。可见，是以空间为代价换取了时间的节省。因此，算法的运行时间、所占的存储空间以及算法设计的简单性往往是相互矛盾的，因而在设计时仍需要根据实际情况加以权衡。

前面给出了直接转置、以转置矩阵行序为主序的转置以及快速转置算法的分析与设计，下面再进一步对其中的快速转置算法进行优化设计。

4. 稀疏矩阵快速转置算法的优化设计

根据之前的分析，基于改进类型 ATSMatrix 的快速转置算法需借助数组 num 和 position 来实现，算法的平均时间复杂度为 T(n)=O(N+n)，且随着问题的规模 n 逐渐增大，当非零元素个数接近矩阵的行列之积 (M×N) 时，快速转置算法的时间复杂度 T(n) 接近 O(M×N)。另外，算法中额外引入的两个数组使其空间复杂度变为

S(n)=O(2×N)，也导致算法在时间效率上的提高以付出更多的存储空间为代价，因此，可考虑对算法做进一步优化。

（1）快速转置算法的改进设想

快速转置算法 FastTransMatrix 中的 position[MAX] 数组用以存放矩阵 M 的第 col 列 (T 中第 col 行) 中第一个非零元素三元组在转置矩阵 T 中的正确位置，该位置是通过辅助数组 num[MAX] 计算出来的。如果将计算 position[col] 的方法加以修改，则可省略辅助数组 num[MAX]。

（2）改进设计方案一

① 方案一设计思想

该方案按照以下步骤计算 position[col] 的值：

第一步：初始化各 position[col] 的值为 1，即初始假定 M 中各列第一个非零元素均从 T 的第一个下标位置开始存放。

第二步：循环扫描一遍矩阵 M 的三元组表，每遇到一个列号为 col 的元素，就将对应的从 position[col+1] 开始的其余元素值增1(即列号为 col+1 开始的其余三元组在 T 中的起始位置后移一位)。

经过第二步修改后，position[col] 中的值即为矩阵 M 第 col 列 (T 中第 col 行) 中第一个非零元素三元组在转置矩阵 T 中的正确位置。

第三步：对矩阵 M 的三元组表扫描一遍完成转置。当 M 中第 col 列有一个元素加入三元组表 T 时，则对应 position[col] 的值加 1，使 position[col] 始终指向三元组表 M 第 col 列中下一个非零元素在三元组表 T 中的正确位置。

② 方案一算法的 C 语言描述

基于方案一设计思想的快速转置算法可用 C 语言描述如下：

```
void    FastTransMatrix_A1 (ATSMatrix    M, ATSMatrix    T){
    int col, i, j;        //col 作为辅助数组下标
            //i 指示矩阵 M 的三元组表下标，j 指示 T 的三元组表下标
    int    position[MAX];
            // 向量 position[MAX] 存放 M 各列中的非零元在 T 中的正确位置
    // 初始化转置矩阵 T 的行、列数以及非零元素个数
    T[0].row = M[0].col;    T[0].col = M[0].row;    T[0].val = M[0].val;
    if (M[0].val){        // 矩阵 M 中有非零元则进行转置
        // 初始化 col 列中第一个非零元素三元组在 T 中的位置
        for (col = 1; col <= M[0].col; col++)        position[col] = 1;
        // 计算 col 列中第一个非零元素三元组在 T 中的正确位置
```

```
for (i = 1; i <= M[0].val; i++)
        for (j = M[i].col;j < M[0].col;j++)
                position[j+1]++;
// 对矩阵 M 的三元组表扫描一遍完成转置
for(i = 1; i <= M[0].val; i++){
        j = position[M[i].col];
        T[j].row = M[i].col;
        T[j].col = M[i].row;
        T[j].val = M[i].val;
        position[M[i].col]++;      // 转置赋值后，position 指示的位置后移
}//End_for
}//End_if
}//End_FastTransMatrix_A1
```

（3）改进设计方案二

① 方案二设计思想

将 position[MAX] 同时用于统计 M 中各列非零元素个数和指示各个非零元素在 T 中的正确位置。算法步骤如下：

第一步：将 position[MAX] 统计的 M 各列非零元素个数初始化为 0；

第二步：利用 position[col] 统计 M 中各列非零元素个数；

第三步：通过利用 t1、t2 两个变量记录并计算 position 数组的元素值，使其成为矩阵 M 第 col 列（T 中第 col 行）中第一个非零元素三元组在转置矩阵 T 中的正确位置。具体方法是：

  a) position[1] 赋值 1(即 T 中的第 1 个下标位置，而将其所统计的第 1 列元素个数暂存在变量 t1 中)；

  b) t1 暂存第 col-1 列的非零元素个数（即 position[col] 的原值），t2 暂存第 col 列的非零元素个数，position[col] 的值即为 position[col-1]+t1，然后再将 t2 中的值赋值给 t1。

  c) 重复 b) 步求得全部 N 个 position 值。

第四步：对矩阵 M 的三元组表扫描一遍完成转置。当 M 中第 col 列有一个元素加入三元组表 T 时，则对应 position[col] 的值加 1，使 position[col] 始终指向三元组表 M 第 col 列中下一个非零元素在三元组表 T 中的正确位置。

② 方案二算法的 C 语言描述

这种改进的快速转置算法可用 C 语言描述如下：

```
void FastTransMatrix_A2 (ATSMatrix M, ATSMatrix T){
    int t1,t2, col, i, j;
                //t1，t2 临时记录 M 某列非零元素数，col 作为辅助数组下标
                //i 指示矩阵 M 的三元组表下标，j 指示 T 的三元组表下标
    int    position[MAX];
// 向量 position 既统计 M 中各列非零元素个数又指示各非零元在 T 中的正确位置
    // 初始化转置矩阵 T 的行、列数以及非零元素个数
    T[0].row = M[0].col;   T[0].col = M[0].row;   T[0].val = M[0].val;
    if(M[0].val){      // 矩阵 M 中有非零元则进行转置
        // 矩阵 M 各列中非零元素个数计数预置为 0
        for (col = 1;col <= M[0].col;col++)    position[col] = 0;
        // 统计矩阵 M 各列中非零元素的个数
        for(i = 1;i <= M[0].val; i++)    position[M[i].col]++;
        // 借助变量 t1 和 t2 计算 col 列中第一个非零元在 T 中的正确位置
        t1 = position[1];
        for(position[1] = 1, col = 2;col <= M[0].col; col++){
            t2 = position[col];
            position[col] = position[col-1] + t1;
            t1 = t2;
        }//End_for
        // 对矩阵 M 的三元组表扫描一遍完成转置
        for(i = 1; i <= M[0].val; i++){
            j = position[M[i].col];
            T[j].row = M[i].col;
            T[j].col = M[i].row;
            T[j].val = M[i].val;
            position[M[i].col]++;        // 转置赋值后，position 指示的位置后移
        }//End_for
    }//End_if
}//End_ FastTransMatrix_A2
```

(4)两种改进算法的测试

不失一般性，设稀疏矩阵 M 如图 3.3 所示，采用三元组顺序表存储结构的对应存储结构如图 3.4 所示。

$$\begin{pmatrix} 0 & 12 & -7 & 0 & 0 \\ -3 & 0 & 0 & 0 & 0 \\ 0 & 0 & 0 & 0 & 14 \\ 0 & 0 & 25 & 0 & 0 \end{pmatrix}$$

图 3.3　稀疏矩阵 M

4	5	5
1	2	12
1	3	-7
2	1	-3
3	5	14
4	3	25

图 3.4　矩阵 M 的三元组顺序表存储结构

执行转置操作后得到的转置矩阵 T 如图 3.5 所示，对应的三元组顺序表存储结构如图 3.6 所示。

$$\begin{pmatrix} 0 & -3 & 0 & 0 \\ 12 & 0 & 0 & 0 \\ -7 & 0 & 0 & 25 \\ 0 & 0 & 0 & 0 \\ 0 & 0 & 14 & 0 \end{pmatrix}$$

图 3.5　转置矩阵 T

5	4	5
1	2	-3
2	1	12
3	1	-7
3	4	25
5	3	14

图 3.6　矩阵 T 的三元组顺序表存储结构

为测试算法的正确性，特将矩阵 M 初始化为上例各值，另外添加了稀疏矩阵的输出函数，并先后采用原快速转置算法和改进后的两种快速转置算法在 Visual C++ 6.0 环境下运行，其输出结果均如图 3.7 所示。

图 3.7　Visual C++ 6.0 环境下运行改进的快速转置算法的运行结果

（5）两种改进算法的时间复杂度及空间复杂度评价

FastTransMatrix_A1 算法的 C 语言描述中，函数由前后三个循环组成，调用时各个循环的基本语句分别执行了 M[0].col、M[0].val × (M[0].col-1) 和 M[0].val 次，从而算法的平均时间复杂度为 T(n) = O(N × n)。空间上由于只使用了一个辅助向量 position[N]，从而算法的空间复杂度为 S(n) = O(N)。同原快速转置算法相比，虽然在空间上有所节省，但时间效率却有所降低，是以时间换取了空间。

FastTransMatrix_A2 算法的 C 语言描述中，函数由前后四个循环组成，调用时各个循环的基本语句分别执行了 M[0].col、M[0].val、(M[0].col-1) 和 M[0].val 次，同原快速转置算法一样，算法的平均时间复杂度为 T(n) = O(N+n)。空间上除了使用一个 position[N] 辅助向量外，仅仅增加了两个变量的辅助空间，从而算法的空间复杂度仍为 S(n) = O(N)。这样，该算法同原快速转置算法相比，能够在保持较低时间复杂度的基础上降低空间复杂度，从而实现了对原快速转置算法的优化。

（6）结论

在对矩阵采用三元组顺序表压缩存储技术时，当元素值为整型时，可利用三元组顺序表向量的首元素空间存放稀疏矩阵的总行数、总列数和三元组的总个数，解决了另外再定义这些成员变量对算法编写所带来的麻烦。

在对矩阵采用三元组顺序表压缩存储技术后实现矩阵转置时，采用快速转置算法的平均时间复杂度降低，但其他文献中介绍的快速转置算法在空间上还需要类似的两个辅助向量 num[N] 和 position[N]，以空间为代价换取了时间的节省，从而算法的空间复杂度较高。

快速转置算法优化提出了两种对原快速转置算法进行改进的方案，通过分析对比得出：采用方案二的算法既保持了原快速转置算法较高的时间效率，又通过节省辅助向量 num[N] 的空间而降低了算法的空间复杂度，达到了对原快速转置算法进行优化的目的。

3.2 广义表

广义表也称为列表，是由相同类型的数据元素或表元素构成的有限集合，即构成广义表的数据元素本身既可以是单元素也可以是广义表，因此，广义表是线性表的推广。

广义表在《数据结构》课程的实际讲授中，一般作为由线性结构向非线性结构进行过渡的部分，大多数参考文献对于该部分内容都只给出简单的介绍，而并未给出具体的算法实现；但仔细分析广义表的逻辑结构特点，发现数据结构中的绝大多数逻辑结构都可以归纳为广义表结构，广义表在数据结构中应该占据相当重要的位置，如果让广义表统领大多数的数据存储结构，有利于增强学生的总结概括和计算思维分析能力。

3.2.1 广义表的定义

广义表是线性表的推广，也称列表，广泛应用于人工智能等领域的表处理语言 LISP 语言中。广义表一般记作 $LS=(a_1,a_2,\cdots,a_n)$，其中 n 为表长，a_i 可以是单个元素，也可以是广义表，分别称为广义表 LS 的原子和子表。

层次性是广义表的主要特点之一。在广义表中，单元素结点（原子结点）没有子结点；表结点或者为空表结点，或者拥有子结点，表结点和它的子结点分布在广义表的不同层次上。

广义表划分结点层次的规则：头结点定义为第一层结点；属于第 k 层次子表结点的结点定义为第 k+1 层次结点，k=1,2,…。

定义 1 广义表第一层次中元素结点的个数称为广义表的长度。

定义 2 广义表中结点的最大层次称为广义表的深度。

定义 3 当广义表非空时，在广义表 $LS = (a_1,a_2,\cdots,a_n)$ 中，首元素 a_1 称为广义表的表头，而其余元素构成的表 $(a_2,\cdots,a_n)$ 称为广义表的表尾。

广义表逻辑结构的抽象数据类型三元组 ADT GList = (D, R, P) 的定义如下：

ADT Glist {

    数据对象：D = { e_i | i = 1,2,…,n, n ≥ 0; e_i ∈ AtomSet 或 e_i ∈ GList, AtomSet 为某个数据对象 }

    数据关系：R = {⟨e_{i-1},e_i⟩ | e_{i-1},e_i ∈ D, 2 ≤ i ≤ n}

    基本操作集合：

        InitiateGList(&L)

操作前提：L 为未初始化的结构体变量。

操作结果：创建空的广义表 L。

CreateGList(&L, S)

操作前提：S 是广义表的书写形式串。

操作结果：由 S 创建广义表 L。

FreeGList(&L)

操作前提：广义表 L 已存在。

操作结果：释放广义表 L 所占空间。

CopyGList(&T, L)

操作前提：广义表 L 已存在。

操作结果：由广义表 L 复制得到广义表 T。

GListLength(L)

操作前提：广义表 L 已存在。

操作结果：求广义表 L 的长度，即 L 中的元素个数。

GListDepth(L)

操作前提：广义表 L 已存在。

操作结果：求广义表 L 的深度。

GListEmpty(L)

操作前提：广义表 L 已存在。

操作结果：判定广义表 L 是否为空。

GetHead(L)

操作前提：广义表 L 已存在。

操作结果：求广义表 L 的表头。

GetTail(L)

操作前提：广义表 L 已存在。

操作结果：求广义表 L 的表尾。

InsertFirstGList(&L, e)

操作前提：广义表 L 已存在。

操作结果：将元素 e 作为 L 的第一元素插入广义表。

DeleteFirstGList(&L,&e)

操作前提：广义表 L 已存在。

操作结果：删除广义表 L 的第一元素，并将被删元素由参数 e 带回。

} ADT GList

3.2.2 广义表的存储表示

为实现广义表的基本操作,首先需要考虑其存储结构。由于广义表中的元素既可能是单元素又可能是子表,难以用顺序结构来表示,因而通常采用链式存储结构进行存储。可以采用两种不同的存储方案:一是原子结点与表结点同构;二是原子结点与表结点异构。下面将给出存储广义表的两种不同存储结构的具体类型定义及其 C 语言描述的类型定义。

1. 原子结点与表结点同构的存储表示

原子结点与表结点同构,指的是无论原子结点还是表结点均由 3 个域构成(又称广义表的孩子兄弟表示法,如图 3.8 所示)。设定 tag 域为 0 表示该结点为原子结点,此时另外两个域分别存储结点的元素值和指向其后继结点起始地址的指针;tag 域为 1 表示该结点为表结点,此时另外两个域分别为指向表头的指针和指向后继结点起始地址的指针。

| tag=0 | atom | tp | | tag=0 | hp | tp |

图 3.8　原子结点与表结点同构的存储结构

采用同构存储结构时,广义表的定义类型可用 C 语言描述为:

```
typedef enum{ATOM, LIST} ElemTag;
typedef struct GLNode{
    ElemTag tag;   // 区别两种结点的标志域
    union {
        AtomType atom;     // 原子结点值域
        struct GLNode *hp; // 指向表头的指针
    }
    struct GLNode *tp;// 指向后继结点的指针
}*Glist_1;
```

2. 原子结点与表结点异构的存储表示

原子结点与表结点异构,指的是原子结点仅由 tag 和 atom 两个域组成,而表结点则由 tag、hp 和 tp 三个域构成(又称广义表的头尾表示法,如图 3.9 所示)。同样设定 tag 域为 0 时表示该结点为原子结点,此时 atom 域用于存储结点的元素值;tag 域为 1 表示该结点为表结点,此时另外两个域分别为指向表头和指向表尾的指针。

| tag=0 | atom | | tag=1 | hp | tp |

图 3.9　原子结点与表结点异构的存储结构

采用异构存储结构时，广义表的定义类型可用 C 语言描述如下：

```
typedef enum{ATOM, LIST} ElemTag;
typedef struct GLNode{
    ElemTag tag;        // 区别两种结点的标志域
    union {
        AtomType atom;          // 原子结点值域
        struct {
            struct GLNode *hp; // 指向表头的指针
            struct GLNode *tp; // 指向表尾的指针
        } ptr;
    }
}*Glist_2;
```

3.2.3　广义表相关操作的算法分析与设计

广义表抽象数据类型描述的基本操作中，初始化、建立、空间回收、复制以及判空等前五个操作为最简操作，其算法对于采用哪种存储结构没有特殊要求；后面七种操作则针对不同的存储结构，其算法设计方法均有一定的不同。下面着重给出求广义表长度、深度、表头和表尾等操作的算法设计分析。

1. 求广义表长度的算法

求广义表的长度即统计广义表第一层次中元素结点的个数。该操作的初始条件为广义表已存在，操作结果即返回求得的广义表长度（元素个数）。

由原子结点与表结点同构的存储结构可以看出：无论原子结点还是表结点的 tp 域，均为指向该结点后继结点起始地址的指针，因此，可通过在该存储结构上，从广义表的 hp 指针所指首元素结点开始，统计通过 tp 指针链接的结点的个数，从而求得广义表的长度。其操作算法可用 C 语言描述如下（设广义表 L 已建立，其类型为 Glist_1）：

```
int GlistLength(Glist_1 L){
    int   count =1; Glist_1 p = L->hp;
    while(p->tp){      // p 所指结点后继非空
```

```
        p = p->tp; count++;        // 指针后移并计数
    }//End_while
    return count;
}//End_GlistLength
```

2. 求广义表深度的算法

广义表的深度指的是广义表中结点的最大层次，等于所有子表中表的最大深度加 1，若一个广义表为空或仅由原子结点组成，则深度为 1。该操作的初始条件为广义表已存在，操作结果返回求得的广义表的深度。可以通过计数指针在不同层次结点中的移动情况计算出广义表的深度。

该操作可采用两种存储结构中的任意一种。设采用同构的存储结构 Glist_1，则求广义表深度的递归算法可用 C 语言描述如下（设广义表 L 已建立）：

```
int GlistDepth(Glist_1 L){
    int count,depth;
    for(depth = 0; L->hp; L = L->hp->tp)        // L 非空
        if(L->hp->tag)        {   //L 的表头为子表结点
            count = GlistDepth(L->hp);
            // 深度为最大计数值
            if(count > depth)    depth = count;
        }//End_if
    return   depth+1;   // 深度从 1 开始计
}//End_GlistDepth
```

3. 求广义表表头的算法

广义表表头即广义表中的首元素，求表头操作的初始条件为广义表已存在，操作结果返回广义表的表头结点。

由两种存储结构均可以看出：结点的 hp 域为指向该结点的表头结点起始地址的指针，因此，采用两种存储结构中的任何一种均可通过广义表表头结点的 hp 指针求得广义表的表头（异构存储结构时当广义表非空）。

设广义表 L 已基于结点同构的存储结构 Glist_1 创建并生成，其操作算法可用 C 语言描述如下：

```
Glist_1 GetHead_1 (Glist_1 L){
    return (L->hp);
```

```
}//End_GetHead_1
```

若广义表 L 已基于结点异构的存储结构 Glist_2 创建并生成，则其操作算法可用 C 语言描述如下：

```
Glist_2   GetHead_2 (Glist_2 L){
    if(L==NULL)
        return  NULL;   // 采用异构存储结构时广义表头指针为空则返回空指针
    else
        return  L->ptr.hp;
}//End_GetHead_2
```

4. 求广义表表尾的算法

广义表表尾是由广义表中自第二个元素之后的其余元素构成的子表，求表尾操作的初始条件为广义表已存在，操作结果求得广义表的表尾。

由原子结点与表结点异构的存储结构可以看出：广义表非空时，其表头结点的 tp 域即为指向广义表表尾子表的指针，因此，可通过广义表表头结点的 tp 域求得广义表的表尾。其操作算法可用 C 语言描述如下（设广义表 L 已建立，其类型为 Glist_2）：

```
Glist_2   GetTail (Glist_2 L){
    if(L == NULL)
        return   NULL;// 采用异构存储结构时广义表表头指针为空则返回空指针
    else
        return  L->ptr.tp;
}//End_GetTail
```

3.2.4 算法的时间复杂度分析

求广义表长度的算法函数 GlistLengh 中包含一个 while 循环，循环体基本语句 p=p->tp；和 count++；的执行次数取决于广义表中结点的个数 n(看作问题的规模)，当广义表深度为 1 时，n 即为广义表的长度，从而循环体基本语句的执行次数最大为 n 次，因而算法的时间复杂度为线性阶，即 $T(n)=O(n)$。

求广义表深度的算法函数 GlistDepth 中包含一个 for 循环，算法的基本操作为循环体中的语句，循环体的执行次数跟广义表的结点数 n（问题的规模）成正比。函数 GlistDepth(L->hp) 递归调用的次数跟广义表的深度 depth 成正比，因此，算法的时间复杂度为 $T(n) = O(n+m)$。

求广义表表头的两个不同存储结构上的算法函数 GetHead 中，均只包含一条基本语句，因而算法的时间复杂度为常数阶，即 $T(n) = O(1)$。

求广义表表尾的算法函数 GetTail 中同样只包含一条简单分支语句，因而算法的时间复杂度也为常数阶，即 $T(n) = O(1)$。

3.2.5　结论

由原子结点与表结点同构的孩子兄弟表示法可以看出：存储结构 Glist_1 中，无论原子结点还是表结点的 tp 域均为指向该结点后继结点起始地址的指针，因此，该存储结构较适用于求解跟广义表长度相关的操作；而异构的头尾表示法则较适用于求解区分广义表表头和表尾等的相关操作。

第 4 章　树结构

　　树结构是一类重要的非线性数据结构，其中以树和二叉树最为常用。树结构在客观世界中广泛存在，在计算机领域中也得到广泛应用，如在编译程序中，可用树来表示源程序的语法结构，在数据库系统中，树结构也是信息的重要组织形式之一。

4.1 树

直观来看，树是以分支关系定义的层次结构。

4.1.1 树的逻辑结构

在树结构的数据对象集合中，除首元素（通常为树结构中的根结点）无前驱、尾元素（通常为树结构中的叶结点）无后继之外，其余元素均有唯一的前驱和若干个后继，即元素之间是一对多 (1:n) 的关系。

树逻辑结构的抽象数据类型三元组 ADT Tree = (D, R, P) 通常定义如下：

ADT Tree {

数据对象：$D = \{ a_i | a_i \in D_0, i=1,2,\cdots,n, n \geqslant 0, D_0$ 为某一具有相同特性的数据元素的集合 $\}$

数据关系：若 D 为空集，则称为空树；若 D 仅含一个数据元素，则 R 为空集，否则 R = { H }，H 是如下二元关系：

(1) 在 D 中存在唯一的称为根的数据元素 root，它在关系 H 下无前驱；

(2) 若 D -{ root } $\neq$ Φ，则存在 D -{ root } 的一个划分，D_1, $D_2,\cdots,D_m$ (m > 0)，对任意 $j \neq k$ ($1 \leqslant j,k \leqslant m$) 有 $D_j \cap D_k = \Phi$，且对任意的 i ($1 \leqslant i \leqslant m$)，唯一存在数据元素 $x_i \in D_i$，有 $\langle root, x_i \rangle \in H$;

(3) 对应于 D-{ root } 的划分，$H-\{\langle root, x_1 \rangle, \cdots, \langle root, x_m \rangle\}$ 有唯一的一个划分 $H_1,H_2,\cdots, H_m$ (m > 0)，对任意 $j \neq k$ ($1 \leqslant j,k \leqslant m$) 有 $H_j \cap H_k = \Phi$，且对任意 i ($1 \leqslant i \leqslant m$)，$H_i$ 是 D_i 上的二元关系，$(D_i,\{H_i\})$ 是一棵符合本定义的树，称为根 root 的子树。

P 集合中的基本操作：

InitiateTree(&T)

操作前提：T 为未初始化的结构体变量。

操作结果：将 T 构造为空树。

FreeTree(&T)

操作前提：树 T 已存在。

操作结果：释放 T 所占空间。

CreateTree(&T, definition)

操作前提：definition 给出树 T 的定义。

操作结果：按 definition 构造树 T。

ClearTree(&T)

操作前提：树 T 已存在。

操作结果：将树 T 清为空树。

TreeEmpty (T)

操作前提：树 T 已存在。

操作结果：若 T 为空树，返回 TRUE，否则返回 FALSE。

TreeDepth(T)

操作前提：树 T 已存在。

操作结果：返回 T 的深度。

Root(T)

操作前提：树 T 已存在。

操作结果：返回 T 的根。

Value(T, e)

操作前提：树 T 已存在，e 是 T 中某个结点。

操作结果：返回结点 e 的值。

Assign(T,&e, Value)

操作前提：树 T 已存在，e 是 T 中某个结点。

操作结果：将结点 e 赋值为 Value。

Parent(T, e)

操作前提：树 T 已存在，e 是 T 中某个结点。

操作结果：若 e 是 T 的非根结点，则返回它的双亲，否则操作失败，返回空值。

LeftChild(T, e)

操作前提：树 T 已存在，e 是 T 中某个结点。

操作结果：若 e 是 T 的非叶子结点，则返回它的最左孩子结点，否则操作失败，返回空值。

RightSibling(T, e)

操作前提：树 T 已存在，e 是 T 中某个结点。

操作结果：若 e 有右兄弟，则返回它的右兄弟结点，否则操作失败，
返回空值。

InsertChild(&T,&p, i, c)

操作前提：树 T 已存在，p 指向 T 中某个结点，1≤ i ≤ p 所指结点
的度 +1，非空树 c 与 T 不相交。

操作结果：插入 c 为 T 中 p 所指结点的第 i 棵子树。

DeleteChild(&T,&p, i)

操作前提：树 T 已存在，p 指向 T 中某个结点，1≤ i ≤ p 所指结点的度。

操作结果：删除 T 中 p 所指结点的第 i 棵子树。

TraverseTree(T, Visit())

操作前提：树 T 已存在，Visit 是对结点操作的应用函数。

操作结果：按某种次序对 T 的每个结点调用函数 Visit 一次且最多一
次。一旦 Visit 失败，则操作失败。

} ADT Tree

树的应用广泛，在不同的软件系统中，树的基本操作集不尽相同。

森林是 m (m ≥ 0) 棵互不相交的树的集合。对树中每个结点而言，其子树的集
合即为森林。就逻辑结构而言，树的定义也可用森林和树的相互递归定义来描述：

任何一棵树是一个二元组 Tree = (root, F)，其中：root 是数据元素，称作树的根
结点；F 是含 m (m ≥ 0) 棵树的森林，F = $(T_1, T_2, \cdots, T_m)$，其中 $T_i = (r_i, F_i)$ 称作 root 的
第 i 棵子树；当 m ≠ 0 时，在树根和其子树森林之间存在下列关系：

$$RF = \{\langle root, r_i \rangle | \ i = 1, 2, \cdots, m, \ m > 0\}$$

该定义将有助于得到森林和树与二叉树之间转换的递归定义。

4.1.2　树的存储结构

在大量的应用中，树和森林可以采用多种形式的存储结构，通常采用双亲表示
法、孩子表示法和孩子兄弟表示法三种常见的存储结构。

1. 双亲表示法

假设以一组地址连续的空间存储树的结点，每个结点除了包含用于存储结点元
素值的 data 域之外，附加设定一个指示器 parent，用于指示其双亲结点在链表中的
位置，结点存储结构如图 4.1 所示：

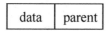

图 4.1 树的双亲表示法中的结点结构

结点的类型可用 C 语言定义如下：

\#define MAX 100

typedef struct PNode{

  ElemType data;

  int parent;

}PNode

树中结点存储在地址连续的存储单元中，其类型的 C 语言定义如下：

typedef struct{

  PNode nodes[MAX+1];

  int n;

}PTree;

2. 孩子表示法

树中每个结点可能有多棵子树，可以采用多重链表存储结构，即每个结点中包含多个指向其子树根结点的指针域。此时，若采用同构结点结构，对于一棵有 n 个结点、度为 k 的树来说，会有 n(k-1) +1 个空链域，造成空间浪费，若采用异构结点结构，则会带来操作不便。因此，通常将每个结点的孩子结点链接成该结点的单链表，而在各结点的存储结构中附加设定一个指向其孩子结点单链表表头的指针域 FirstChild ，如图 4.2 (a) 所示。

为了便于查找，树中各结点顺序存储在地址连续的向量空间中，每个结点的孩子链表中的结点结构，由孩子结点在向量中的下标位置 Child 以及指向后继孩子结点的指针域 next 构成，如图 4.2 (b) 所示。

a) 树中结点的存储结构   (b) 孩子结点的存储结构

图 4.2 树的孩子表示法中的结点结构

树中结点的类型可用 C 语言定义如下：

// 单链表中的孩子结点类型定义

typedef struct CNode{

  int Child;

```
        struct CNode    *next;
    } CNode;
// 树中结点类型定义
typedef struct CNode{
        ElemType    data;
        CNode    *FirstChild;
    } CTNode;
// 孩子表示法的树类型定义
typedef    struct{
        CTNode    nodes[MAX+1];
        int    n;    // 结点个数
    }CTree;
```

3. 孩子兄弟表示法

树的孩子兄弟表示法又称二叉树表示法，或二叉链表表示法，即以二叉链表作为树的存储结构，链表中结点的两个链域分别指示该结点的第一个孩子结点和下一个兄弟结点，分别命名为 FirstChild 域和 NextSibling 域。

采用孩子兄弟表示法时，树中结点的存储结构如图 4.3 所示。

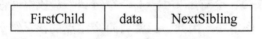

| FirstChild | data | NextSibling |

图 4.3　树的二叉链表结点结构

树中结点类型的 C 语言描述为：

```
typedef  struct  CSNode{
        ElemType    data;
        struct node    *FirstChild,    *NextSibling;
    } CSNode,*CSTree;
```

4.2　二叉树

二叉树是另一种树型结构，它的特点是每个结点至多只有两棵子树，并且其子树有左右之分，次序不能颠倒。

4.2.1 二叉树的逻辑结构

二叉树逻辑结构的抽象数据类型 ADT BinaryTree = (D, R, P) 通常定义如下：

ADT BinaryTree{

　　数据对象：D = { a_i|a_i ∈ D_0, i=1,2,···,n, n ≥ 0, D_0 为某一具有相同特性的数据元素的集合 }

　　数据关系 R：

　　　　若 D = Φ，则 R = Φ，称 BinaryTree 为空二叉树；

　　　　若 D ≠ Φ，则 R = {H}，H 是如下二元关系：

　　　　　　(1) 在 D 中存在唯一的称为根的数据元素 root，它在关系 H 下无前驱；

　　　　　　(2) 若 D-{ root } ≠ Φ，则存在 D-{ root } = {D_l,D_r}，且 D_l ∩ D_r = Φ，

　　　　　　(3) 若 D_l ≠ Φ，则 D_l 中存在唯一的元素 x_l，有 〈root, x_l〉 ∈ H，且存在 D_l 上的关系 H_l ⊂ H；若 D_r ≠ Φ，则 D_r 中存在唯一的元素 x_r，有 〈root, x_r〉 ∈ H，且存在 D_r 上的关系 H_r ⊂ H；H = {〈root,x_l〉，〈root,x_r〉，H_l, H_r}；

　　　　　　(4) (D_l,{H_l}) 是一棵符合本定义的二叉树，称为根的左子树；

　　　　　　　　(D_r,{H_r}) 是一棵符合本定义的二叉树，称为根的右子树。

　　P 集合中的基本操作：

　　　　InitiateBinaryTree(&BT)

　　　　　　操作前提：BT 是未初始化的结构体变量。

　　　　　　操作结果：将 BT 构造为空二叉树。

　　　　FreeBinaryTree(&BT)

　　　　　　操作前提：二叉树 BT 已存在。

　　　　　　操作结果：释放 BT 所占空间。

　　　　CreateBinaryTree(&BT, definition)

　　　　　　操作前提：definition 给出二叉树 BT 的定义。

　　　　　　操作结果：按 definition 构造二叉树 BT。

　　　　ClearBinaryTree(&BT)

　　　　　　操作前提：二叉树 BT 已存在。

　　　　　　操作结果：将二叉树 BT 清为空树。

　　　　BinaryTreeEmpty (BT)

　　　　　　操作前提：二叉树 BT 已存在。

操作结果：若 BT 为空二叉树，返回 TRUE，否则返回 FALSE。

BinaryTreeDepth(BT)

操作前提：二叉树 BT 已存在。

操作结果：返回 BT 的深度。

Root(BT)

操作前提：二叉树 BT 已存在。

操作结果：返回 BT 的根。

Value(BT, e)

操作前提：二叉树 BT 已存在，e 是 BT 中某个结点。

操作结果：返回结点 e 的值。

Assign(BT,&e, Value)

操作前提：二叉树 BT 已存在，e 是 BT 中某个结点。

操作结果：将结点 e 赋值为 Value。

Parent(BT, e)

操作前提：二叉树 BT 已存在，e 是 BT 中某个结点。

操作结果：若 e 是 BT 的非根结点，则返回它的双亲，否则操作
失败，返回空值。

LeftChild(BT, e)

操作前提：二叉树 BT 已存在，e 是 BT 中某个结点。

操作结果：返回 e 的左孩子结点，若 e 无左孩子，则返回空值。

RightChild(BT, e)

操作前提：二叉树 BT 已存在，e 是 BT 中某个结点。

操作结果：返回 e 的右孩子结点，若 e 无右孩子，则返回空值。

LeftSibling(BT, e)

操作前提：二叉树 BT 已存在，e 是 BT 中某个结点。

操作结果：返回 e 的左兄弟结点，若 e 是 BT 的左孩子或无左兄
弟，则返回空值。

RightSibling(BT, e)

操作前提：二叉树 BT 已存在，e 是 BT 中某个结点。

操作结果：返回 e 的右兄弟结点，若 e 是 BT 的右孩子或无右兄
弟，则返回空值。

InsertChild(&BT, p, LR, c)

操作前提：二叉树 BT 已存在，p 指向 BT 中某个结点，LR 为 0

或 1，非空二叉树 c 与 BT 不相交且右子树为空。

操作结果：根据 LR 为 0 或 1，插入 c 为 BT 中 p 所指结点的左或右子树。p 所指结点的原左或右子树则成为 c 的右子树。

DeleteChild (BT, p, LR)

操作前提：二叉树 BT 已存在，p 指向 BT 中某个结点，LR 为 0 或 1。

操作结果：根据 LR 为 0 或 1，删除 BT 中 p 所指结点的左或右子树。

PreOrderTraverse(BT, Visit())

操作前提：二叉树 BT 已存在，Visit 是对结点操作的应用函数。

操作结果：先序遍历二叉树 BT，对树中的每个结点调用函数 Visit 一次且最多一次。一旦 Visit 失败，则操作失败。

InOrderTraverse(BT, Visit())

操作前提：二叉树 BT 已存在，Visit 是对结点操作的应用函数。

操作结果：中序遍历二叉树 BT，对树中的每个结点调用函数 Visit 一次且最多一次。一旦 Visit 失败，则操作失败。

PostOrderTraverse(BT, Visit())

操作前提：二叉树 BT 已存在，Visit 是对结点操作的应用函数。

操作结果：后序遍历二叉树 BT，对树中的每个结点调用函数 Visit 一次且最多一次。一旦 Visit 失败，则操作失败。

LevelOrderTraverse(BT, Visit())

操作前提：二叉树 BT 已存在，Visit 是对结点操作的应用函数。

操作结果：层序遍历二叉树 BT，对树中的每个结点调用函数 Visit 一次且最多一次。一旦 Visit 失败，则操作失败。

} ADT BinaryTree

4.2.2 二叉树的存储结构

1.顺序存储结构

对于接近完全二叉树形态的二叉树来说，采用静态向量的存储方式较好，此时结点的父子关系可根据完全二叉树的性质 5(即：对一棵有 n 个结点的完全二叉树按层序进行编号，其中任一序号大于 1 的结点 i (1 < i ≤ n), 其左孩子结点序号若小于 n 则为 $2 \times i$，右孩子结点序号若小于 n 则为 $2 \times i+1$，其双亲结点序号为 $\lfloor i / 2 \rfloor$，当序号 i 为 1 时，结点为根无双亲) 对应定位。

按照顺序存储结构的定义，约定用一组地址连续的存储单元按层序存储完全二叉树中的结点元素，其存储结构类型定义的 C 语言描述如下：

typedef struct{

    ElemType   data[MAX];   // 下标 0 存放根结点

    int dataNum;

} SqBinaryTree;

其中，data 成员用于存储结点的元素值，dataNum 成员用于记录树中结点的总个数。这种存储结构仅适用于完全二叉树。因为在最坏的情况下，对于一个深度为 k 且只有 k 个结点的单支树，却需要长度为 2^k-1 的一维数组存储空间。

2. 链式存储结构

对于非完全二叉树来说，每个结点只有两个孩子和一个双亲（根结点没有双亲），可以设计每个结点至少包含三个域：数据域 data，用于存储结点的元素值；左孩子域 LeftChild，用于指向该结点的左孩子结点的指针；右孩子域 RightChild，用于指向该结点的右孩子结点的指针。构成树的二叉链表的结点存储结构如图 4.4 所示。

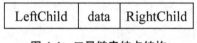

| LeftChild | data | RightChild |

图 4.4　二叉链表结点结构

结点的类型定义可用 C 语言描述为：

typedef struct Node{

    ElemType   data;

    struct Node   *LeftChild,*RightChild;

} Node,*BTree;

4.3　树与二叉树间的相互转化

二叉树适合于计算机处理，因此，通常将树或森林转化成对应的二叉树，再进行相应的操作。由于树和二叉树都可用二叉链表作为存储结构，则以二叉链表作为媒介可导出树与二叉树之间的对应关系。也就是说，给定一棵树，可以找到唯一一棵二叉树与之对应，从物理结构来看，它们的二叉链表是相同的，只是解释不同而已。

4.3.1　森林转换成二叉树

森林是若干棵树的集合，树可以对应唯一的二叉树，森林也可以对应唯一的二叉树。

1. 转换算法的形式化定义

如果 $F = \{T_1, T_2, \cdots, T_n\}$ 是森林，则按如下规则转换成二叉树 $B = \{root, LB, RB\}$：

(1) 若 F 为空，即 $n = 0$，则 B 为空树；

(2) 否则，按以下步骤进行转换：

　　① B 的根 root 即为森林中第一棵树的根 $ROOT(T_1)$；

　　② B 的左子树 LB 是从 T_1 中根结点的子树森林 $F_1 = \{T_{11}, T_{12}, \cdots, T_{1m}\}$ 转换而成的二叉树；

　　③ B 的右子树 RB 是从森林 $F' = \{T_2, T_3, \cdots, T_n\}$ 转换而成的二叉树。

2. 算法的 C 语言描述

根据前述算法步骤，首先将森林 F 看作树 $T_1, T_2, \cdots, T_n$ 的有序集，森林中的所有树均采用孩子兄弟二叉链表定义类型 CSTree，因而森林可采用 C 语言中的指针数组来存储。转换成的二叉树采用二叉链表类型 BTree。

森林中第一棵树 T_1 的根结点的子树森林，可从 T_1 的 FirstChild 域所指结点开始，沿着该结点的 NextSibling 域，一直找到最右下方的结点即可。

转换过程可采用递归思路，算法可用 C 语言描述如下：

```
void RTransForest_1 (CSTree *F, int n, BTree *B){
    CSTree TF[MAX], p;      // MAX 为森林中结点个数的最大数目
    int i;
    if(!n)    *B = NULL;      // 森林为空
    else{
        (*B)->data = F[0]->data;
        p = F[0]->FirstChild;   // 指针变量 p 从指向森林中第一棵树的根结点开始
        i = 0;
        while (p){
            TF[i] = p;
            p = p->NextSibling;
            i++;
```

```
}//End_while
    RTransForest_1 (TF, i,(*B)->LeftChild);
    RTransForest_1(&F[1], n-1,(*B)->RightChild);
    }//End_if
}//End_RTransForest_1
```

3. 算法分析与评价

将森林 F 转换为二叉树 B 的算法函数，首次调用从初始森林 F 开始，若 F 非空，则 B 的根即为 F 中第一棵树 T_1 的根。在递归求解 B 的左子树之前，首先循环求出 T_1 的根结点的子树森林，再递归求解 B 的右子树。该函数体中包括两条递归调用语句，递归调用的总次数实际是森林中结点以及空指针的总个数。有 n 个结点的二叉链表中有 n+1 个空指针，则递归调用总次数为 2n+1 次。另外，在每次递归调用函数执行过程中，都可能包括求解森林中第一棵树的根结点的子树森林的循环，此时，按最坏的情况考虑，也就是森林中只有一棵树，那么该树根结点的子树森林可能会是森林中除根之外的所有其余结点，因而，循环的最大次数将为森林中的结点个数减一。将森林中结点的个数 n 看作问题的规模，则随着问题的规模 n 逐渐增大，算法的时间复杂度约为 $T(n)= O(n(2n+1))$。

RTransForest_1 函数在空间上引入了一个辅助向量 TF[MAX]，用于存储每次求得的 T_1 根结点的子树结点，根据前述分析，按最坏情况下讨论，T_1 根结点的子树森林可能会是森林中除根之外的所有其余结点，因此，MAX 的大小最大为森林中结点的个数减一，从而算法的空间复杂度为线性阶，即 $S(n)=O(n)$。

4. 改进算法的 C 语言描述

RTransForest_1 函数在实现递归运算时，需要考虑函数参数中包含的森林中的结点个数 n，因此，在操作步骤中需要对每次 p 指向的结点进行计数，从而增加了算法的时间复杂度。可考虑加以改进。

改进算法的 C 语言描述如下：

```
void RTransForest_2 (CSTree F, BTree *B){
    if(!F)    *B = NULL;   // 森林为空
    else{
        (*B)->data = F->data;
        RtransForest_2 (F->FirstChild,(*B)->LeftChild));
        RtransForest_2 (F->NextSibling,(*B)->RightChild);
```

　　}//End_if

}//End_RTransForest_2

　　改进的算法函数 RTransForest_2 的首次调用从初始森林 F 开始，若 F 非空，则 B 的根即为 F 中第一棵树 T_1 的根。函数中第一条递归调用语句将 F 的 FirstChild 指针所指森林转化为 B 的左子树，第二条递归调用语句将 F 的 NextSibling 指针所指森林转化为 B 的右子树。另外，除了函数本身所占空间外，并未引入辅助空间。显然，改进算法的描述简单易读且时间效率和空间利用率均提高。

4.3.2　二叉树还原成森林

1. 还原算法的形式化定义

如果 B = {root, LB, RB} 是一棵二叉树，则按如下规则转换成森林 $F = \{T_1, T_2, \cdots, T_n\}$：

(1)若 B 为空，则 F 为空树；

(2)否则，按以下步骤进行转换：

　　① 森林 F 中第一棵树 T_1 的根 $ROOT(T_1)$ 即为二叉树 B 的根 root；

　　② T_1 中根结点的子树森林 F_1 是由 B 的左子树 LB 转换而成的森林；

　　③ F 中除 T_1 之外其余树组成的森林 $F' = \{T_2, T_3, \cdots, T_n\}$ 是由 B 的右子树 RB 转换而成的森林。

2. 还原算法的 C 语言描述

二叉树 B 和森林 F 类型定义同前，转换的递归算法可用 C 语言描述如下：

```
void RTransBinary (BTree B, CSTree *F){
    CSNode *p;
    if(!B)      *F = NULL;          // 二叉树为空
    else{
        (*F)->data = B->data;
        p =(*F)->FirstChild;
        RTransBinary(B->LeftChild,&p);
        p =(*F)->NextSibling;
        RTransBinary(B->RightChild,&p);
    }//End_if
}//End_RTransBinary
```

3. 算法分析与评价

RTransBinary 函数首次调用从初始二叉树 B 开始，若 B 非空，则 B 的根即为 F 中第一棵树 T_1 的根。第一条递归调用语句将 B 的左子树还原成 T_1 的根结点的子树森林；第二条递归调用语句将 B 的右子树还原成森林中除 T_1 之外其余树构成的森林。

函数 RTransBinary 和 RTransForest_1 一样，函数体中也包括两条递归调用语句，则递归调用总次数也为 2n+1 次。从而随着问题的规模 n 逐渐增大，算法的时间复杂度约为 T(n)=O(2n+1)。另外，除了函数本身所占空间外，仅仅引入了一个辅助指针变量 p，主要目的是为了简化函数调用时的参数表达式，从而算法的空间复杂度为常数阶，即 S(n)=O(1)。

4.4 树的部分相关操作

下面以树的部分应用为主，对部分操作的实现以计算思维方式推演算法分析与设计过程。

4.4.1 二叉树的层序遍历

所谓二叉树的遍历是指按一定规律对二叉树中的每个结点进行访问且仅访问一次。"访问"的含义很广，可以是对结点作各种处理，如输出结点的信息等。二叉树的遍历是二叉树中所有其他运算的基础。

1. 算法设计思想

二叉树的层序遍历是对二叉树中的结点按照从上到下，从左到右的顺序依次进行访问的过程。由于队列数据结构具有先进先出特性，该算法可借助队列辅助空间来设计。

利用队列辅助空间实现二叉树层序遍历的算法设计的关键，是如何按照层次遍历的顺序寄存并提取结点指针。可以定义队列中的元素为指向二叉树中结点地址的指针，因此，算法可设计执行步骤如下：

(1)将根结点指针进队；

(2)从队头取出一个元素（出队），执行以下三步：

①访问出队的结点元素值；

② 若该结点的左孩子结点指针非空，则将其左指针进队；

③ 若该结点的右孩子结点指针非空，则将其右指针进队。

(3) 重复第 (2) 步操作至队列为空，算法结束。

为了避免产生"假溢出"，并尽可能节约顺序队列辅助空间，可采用循环队列，这样队列辅助空间的大小至多为 2^{h-1}，其中 h 为二叉树的深度。

2. 确定存储结构

用作辅助空间的队列既可以采用顺序存储结构又可以采用链式存储结构。链队列的操作实际上是单链表的操作，只不过删除在表头进行，插入在表尾进行。对二叉树的层序遍历操作仅利用队列辅助空间的先进先出特性实现对所有结点的遍历，采用链队列的存储结构反而降低了辅助空间的利用率，因此选用顺序存储结构。顺序队列的定义为第 2 章中的类型 SqQueue。显然，作为辅助空间的队列，其成员 queue 的类型 ElemType 此时定义为 Node *。

为了便于理解和实现树的遍历，二叉树选用二叉链表存储结构 BTree。

3. 算法的 C 语言描述

假设树中结点的元素值为字符型，即前述抽象数据类型 ElemType 为 char 类型；对树中结点的访问形式为输出结点的元素值。算法的 C 语言描述如下：

```
void LevelOrderTranverse(BTree root){
    SqQueue Q;    Node *p;
    Q.front = Q.rear = 0;      //初始化队列为空
    if(!root)      return;     //树空则返回
    Q.rear = (Q.rear+1)%MAX;
    Q.queue[Q.rear] = root;       //根结点指针进队
    while(Q.front != Q.rear){      //队列非空，存在未出队结点
        Q.front = (Q.front+1)%MAX;
        p = Q.queue[Q.front];       //队首元素出队
        printf("%c",p->data);       //访问并输出出队结点
        if(p->Lchild)     //左孩子存在，则结点左指针进队
        {   Q.rear = (Q.rear+1)%MAX;
            Q.queue[Q.rear] = p->Lchild;    }
        if(p->Rchild)     //右孩子存在，则结点右指针进队
        {   Q.rear = (Q.rear+1)%MAX;
```

```
            Q.queue[Q.rear] = p->Rchild;   }
    }// End_while
}//End_LevelOrderTranverse
```

4. 算法性能评价

（1）时间复杂度分析

LevelOrderTranverse 函数中的核心语句是 while 语句的循环体，因而其基本语句的执行次数取决于 while 语句的满足条件，即进队列的元素总个数。由于进队列的元素个数即二叉树的结点数，将二叉树中的结点个数 n 看作问题的规模，从而算法的平均时间复杂度为线性阶，即 $T(n)=O(n)$。

（2）空间复杂度分析

该函数在空间上除了二叉树结点本身所占空间外，还引入了辅助空间队列 Q，从而算法的空间复杂度取决于队列的向量成员 queue 的大小。由于 queue 的大小至多为 2^{h-1}，其中 h 为二叉树的深度（根据完全二叉树的性质 4，有 $h= \lfloor \log_2 n \rfloor +1$），即队列至多需要 n 个空间，从而算法的空间复杂度也为线性阶，即 $S(n)=O(n)$。

（3）结论

二叉链表是非线性结构，进行层序遍历时，从访问的当前结点的结构中一般不能直接得到下一个要访问的结点地址。顺序队列用于存储二叉链表的结点指针，由于队列的先进先出特性，进队顺序和出队顺序一致，也就得到了结点的访问顺序。

4.4.2　利用二叉树分析递归算法的时间效率

递归作为一种程序设计方法，是一种分而治之的、把复杂问题分解为简单问题的求解问题方法。这种分而治之方法的思想是：把原问题分解成几个相对简单且性质类同的子问题，使得对原问题的解决变成了对各个子问题的解决，而子问题最终是可以直接求解的。这种程序设计思想体现在算法设计中，指的是在算法设计中用到直接或间接调用自身的语句，该算法即递归算法。

例如，求 Fibonacci 数列第 n 项的问题，其递归公式定义如公式（4-1）所示。

$$\text{Fiber (n)} = \begin{cases} 1 & (n=1 \text{ or } 2) \\ \text{Fib(n-1)+Fib(n-2)} & (n>2) \end{cases} \tag{4-1}$$

采用递归方法编写函数如下：

```
long Fib(int n){
    long f1,f2;
    if (n==1||n==2) return 1;
    else
    {    f1=Fib(n-1);
        f2=Fib(n-2);
        return (f1+f2);        }
}//End_Fib
```

不难看出，用递归法设计算法，可以使算法思路清晰、简单易懂，而且其正确性容易得到证明。

1. 递归过程和递归工作栈

当一个非递归函数在执行过程中调用另一个非递归函数之前，系统首先要保存三方面的信息：(1) 当前执行函数的中断返回地址；(2) 当前执行函数调用时与形参结合的实参值，包括函数名和函数参数；(3) 当前执行函数的局部变量值。从被调函数返回时，系统首先释放当初保存的实参值和局部变量值，然后按保存的中断返回地址返回原调用函数继续向下执行。

调用一个递归函数时，在调用前也要保存上述三方面的信息。但因为递归函数的自调用特性，上述保存信息的方法将由于函数不断地自调用，使得返回地址、实参值和局部变量值互相重叠而不能使用。因此，支持递归函数设计的语言是用一个称作"运行时栈"的数据结构来实现各次递归调用前的参数保存的。在每进入下一层递归调用时，当前层递归调用所需保存的信息就构成一个新的工作记录，由系统通过进栈操作将其保存到"运行时栈"中；当函数调用遇到递归出口语句时，再逐层返回上一次递归函数调用前，系统同样首先通过退栈操作把保存在"运行时栈"中的工作记录的各参数恢复出来，然后按中断返回地址返回上层递归函数继续向下执行。

2. 递归算法的效率分析

时间复杂度是衡量算法时间效率的一种重要依据，在设计解决某个具体问题的算法时，应在众多算法思路中选择其时间复杂度较低的。下面给出求 Fibonacci 数列中第 n 项的算法分析。

采用递归方式编写的 Fib (n) 函数简单易懂，且函数体中不存在循环语句，表面看来其时间复杂度并不高，但仔细分析一下，要计算第 i 项的数列值，必须首先计算第 i-1 项和第 i-2 项的数列值，而某次递归调用计算出的数列值又无法保存，下一次用到时还需要重新递归计算，这就导致了递归函数的时间复杂度实际取决于递归函数自身调用的次数。例如，求第 6 项值 Fib(6) 时，要先求 Fib(5) 和 Fib(4)，而要求 Fib(5) 时需先求 Fib(4) 和 Fib(3)，求 Fib(4) 时又要先求 Fib(3) 和 Fib(2)，求 Fib(3) 时要先求 Fib(2) 和 Fib(1)，以此类推。由于该递归函数内部包含两条自调用语句，则可将这一递归调用过程采用二叉树形态表示，如图 4.5 所示 (树中每个父结点表示上一层递归调用，子结点表示下一层递归调用)。

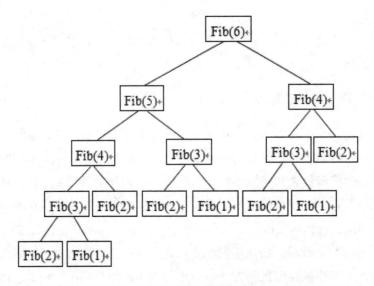

图 4.5　Fibonacci 数列递归算法的调用过程二叉树

从图中看出：Fib(5) 被调用 1 次，Fib(4) 被调用 2 次，Fib(3) 被调用 3 次，Fib(2) 被调用 5 次，Fib(1) 被调用 3 次，Fib(6) 被调用 1 次，累计递归调用次数为 15 次。

求 Fibonacci 数列中第 1 项时，函数 Fib(1) 的递归调用次数为 1 次；求第 2 项时，函数 Fib(2) 的递归调用次数也为 1 次；求第 3 项时，函数 Fib(3) 的递归调用次数为 Fib(2) 的递归调用次数加上 Fib(1) 的递归调用次数再加 1，即 1+1+1=3 次；求第 4 项时，函数的递归调用次数为 Fib(3) 的递归调用次数加上 Fib(2) 的递归调用次数再加 1，即 3+1+1=5 次；求 Fib(5) 时的递归调用次数为 5+3+1=9 次；求 Fib(6) 时的递归调用次数为 9+5+1=15 次；……如此归纳可得：求 Fibonacci 数列各项的递归函数 Fib(n) 的递归调用次数 NUM 为这样的数列：该数列中任一项 NUM_i 为其前两项 NUM_{i-1} 和 NUM_{i-2} 之和再加 1。这样，当问题的规模 n 逐渐增大时，求 Fib(n) 时的递归调用次数逐渐接近 $2^{n-1}-1$ 次。

可以这样分析：求 Fib(n) 时是从 Fib(2) 和 Fib(1) 逐层返回的，这样一直到 Fib(n)，构成如图 4.5 所示的深度为 n-1 的一棵树。实际上，n 越大图中的树就越接近一棵完全二叉树。由此，根据完全二叉树的性质 3(深度为 h 的完全二叉树中，结点总个数最多为 2^h-1 个)，可得递归调用总次数为 $2^{n-1}-1$ 次。因此，计算 Fibonacci 数列的递归算法的时间复杂度应取其递归调用次数的最高阶，即 $T(n)=O(2^n)$。

综上所述，对于求解 Fibonacci 数列问题，递归算法的时间复杂度是 $O(2^n)$，而循环算法的时间复杂度是 $O(n)$。可见，循环算法的时间效率要比递归算法的时间效率高很多。

3. 结论

不是每个待求问题都可以用递归算法求解。能够使用递归算法求解的问题必须首先具备以下三个基本要素：(1) 原问题具有可借用某种类同自身的子问题来描述的性质；(2) 相对于原问题来讲，子问题将进一步简化；(3) 某一有限步的子问题有直接解存在。只有满足以上三个条件的问题才能使用递归的程序设计方法编写算法，同时还必须保证所使用的程序设计语言支持递归设计机制。

通过分析递归算法的时间复杂度，可以得出结论：一般情况下，递归算法的时间复杂度较低。为解决某个具体问题所设计的算法需考虑问题的实际情况，对于不经常出现的问题，其算法的编写应尽可能简单易懂，这时就可采取递归的算法设计思路；而对于频繁出现的问题，其算法执行频率较高，则应尽量避免使用递归的程序设计方法。因此，对于问题的解决通常可用递归算法的思路来分析，而用非递归算法具体实现。

4.4.3　二叉树还原成森林算法的非递归模拟

递归是软件设计中一种重要的方法和技术。参考文献 [3] 和 [4] 中介绍的森林和二叉树相互转化的过程具有递归特征，采用递归技术具有简单性、可读性和可维护性。在实际应用中，由于递归过程用到的大量数据均需保存，使得算法的时间复杂度较高 (以计算斐波那契数列为例 $T(n)=O(2^n)$)，这样当递归层次多到一定程度，将耗尽系统内存资源，因此递归算法的实用性较差。另外，有的程序设计语言并不支持递归设计机制，为此，需要研究同递归函数功能等价的非递归算法。

接下来以二叉树还原成森林的递归算法 (森林转换为二叉树的算法基本类似) 为例，分析对该算法的非递归模拟。

1. 非递归算法描述

在 4.3.2 小节中给出了二叉树还原成森林的递归算法设计思路及其 C 语言描述，函数体中包括两条递归调用语句，第一条递归调用语句将 B 的左子树还原成 T_1 的根结点的子树森林，第二条递归调用语句将 B 的右子树还原成森林中除 T_1 之外其余树构成的森林。

显然，上述递归算法隐含对二叉树进行先序遍历的过程，即首先访问根结点的值，然后先序遍历根结点的左子树，最后再先序遍历根结点的右子树。需要注意的是，对应的森林根据先序遍历顺序逐步生成。该算法的非递归模拟需要借助循环过程并设置一个堆栈结构，用来保存指向所访问结点的指针。

辅助堆栈可用 C 语言定义为：

```
typedef struct{
    struct {
        Node    *Bn;      //存储二叉树结点
        CSNode  *Fn;    //存储森林中的结点
    }Stack[MAX+1];
        int top;
} SqStack;
```

初始设定栈顶为 0 表示空栈，则二叉树的最大深度即为栈顶可能达到的最大值 MAX。设森林的类型为 CSTree，通过根结点指针 F 访问，二叉树类型为 BTree，通过根结点指针 B 访问。则非递归模拟算法可借助 C 语言描述为：

```
void NRTransBinary (CSTree F, BTree *B){
    CSNode *p;      SqStack S;
    p = F;
    InitiateStack_SQ(&S);    //初始化空栈
    while (p || !StackEmpty_SQ (S)){       //栈空或者 p 所指结点为空
            if (p)
            {   (*B)->data = p->data;
                Push(&S,p,0);      //二叉树中的结点压栈
                Push(&S,B,1);      //森林中的结点压栈
                p = p->LeftChild;
                B = B->FirstChild;    }
            else
            {   Pop(&S,&p,0);      //二叉树结点退栈
                Pop(&S,&B,1);       //森林中结点退栈
                p = p->RightChild;
                B = B->NextSibling;    }//End_if
```

```
    }//End_while
}//End_NRTransBinary
```

其中初始化函数 InitiateStack_SQ 置 S 的 top 成员为 0；StackEmpty_SQ 函数判断堆栈是否为空；Push 函数根据第三个参数值决定将指针所指结点压到栈向量的哪一个成员中 (Bn 或 Fn)；同样地，Pop 函数根据第三个参数值决定将栈向量中的哪一个成员的结点指针弹出并赋值给相应指针变量。

2. 算法分析与评价

（1）时间复杂度分析

递归函数 RTransBinary 的函数体中包括两条递归调用语句，递归调用的总次数实际是森林中结点以及空指针的总个数。将森林中结点的个数 n 看作问题的规模，则随着问题的规模 n 逐渐增大，算法的时间复杂度约为 $T(n)=O(2n+1)$；非递归函数 NRTransBinary 的函数体中包含一个 while 循环，循环的次数实际是森林中结点的个数 n，从而算法的时间复杂度约为 $T(n)=O(n)$。

（2）空间复杂度分析

递归函数 RTransBinary 除了函数本身所占空间外，并未引入辅助空间，从而算法的空间复杂度为常数阶，即 $S(n)=O(1)$。非递归函数 NRTransBinary 除了函数本身所占空间外，还引入了一个辅助的堆栈空间和指针变量 p，其中堆栈向量空间的大小为二叉树的深度可能达到的最大值的 2 倍，即 $2\lfloor \log_2 n \rfloor$，从而算法的空间复杂度为对数阶，即 $S(n)=O(\lfloor \log_2 n \rfloor)$。

4.4.4 基于遍历搜索二叉树中的最长路径

所谓二叉树中的最长路径，一定是从根结点（位于第 1 层）到达树中所在层次最大（即树的深度 h 层）的某个结点的一条路径，于是，搜索该最长路径的算法可以通过求解二叉树的深度得以解决。

1. 二叉树的遍历

二叉树的遍历方式按结点被访问的顺序分为前序、中序、后序和层序，前三种是以访问二叉树的根结点 (root) 的次序作为命名的依据，第四种是从二叉树的根开始逐层遍历。这里重点介绍后序遍历算法，其递归算法设计思想如下：

（1）若二叉树为空，则遍历过程结束；

（2）否则，对二叉树中的结点按以下顺序访问：

　　① 后序遍历根结点的左子树；

② 后序遍历根结点的右子树；

③ 访问根结点，算法结束。

2. 后序遍历求解二叉树的深度

求解二叉树深度的递归算法思想可以描述如下：

(1)若二叉树为空，则深度为 0；

(2)否则，其深度应为根结点的左右子树的深度的最大值加 1。

在求解二叉树深度的过程中要对二叉树进行遍历。可以利用二叉树的后序遍历算法的设计思想实现这一过程。基于二叉链表存储结构 BTree 的 C 语言算法描述如下：

```
int PostTreeDepth(BTree root){
        int hl,hr,max;
        if(root)
        {   hl = PostTreeDepth(root->LeftChild);
            hr = PostTreeDepth(root->RightChild);
            max = hl>hr?hl:hr;
            return (max+1);    }
        else
            return 0;
}//End_PostTreeDepth
```

3. 搜索二叉树中的最长路径

搜索二叉树中的最长路径时，需要考虑以下因素：

(1)第一，当二叉树的最深层有两个以上结点时，其最长路径不止一条，此时只需要给出最先找到的一条即可。

(2)第二，对于所求得的最长路径应该如何记录？这取决于问题的需求：

• 最简单的需求是输出该最长路径。此时只需要在遍历时输出结点的值即可。

• 若问题的解决需要记录该路径，则需考虑如何对求得的路径进行存储，可采用以下几种方案：

　　① 方案一：另外申请一个顺序表结点空间用于存储该路径。

　　　　此时顺序表中结点的结构可设计为图 4.6 所示。

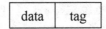

图 4.6　二叉树路径中的结点结构

其中，data 域用于存储结点的元素值，tag 域用于标记后继结点是该结点的左孩子 (设 tag 为 0) 还是右孩子 (设 tag 为 1)。遍历过程中每确定路径中的一个结点，即将结点值填入顺序表的对应位置并设置其前驱结点的 tag 域。

② 方案二：另外申请二叉链表的结点空间，构成仅含一条单支的二叉树。

此时路径中结点的存储结构与前述二叉链表存储结构 BTree 相同。在二叉树中每确定路径中的一个结点后，需要进行以下步骤：

 a) 为该结点申请新的结点空间；

 b) 将结点值填入新结点的 data 域，并设置新结点的 LeftChild 和 RightChild 指针为 NULL；

 c) 根据新结点是路径中的前驱结点的左孩子或右孩子，将新结点插入 前驱结点的 LeftChild 或 RightChild 指针之后。

③ 方案三：利用原二叉树的二叉链表作出标记进行记录。

这种方案需要对原二叉树的二叉链表结构进行调整，在每个结点上增加一个 tag 域，用于标记该结点是否属于搜索到的最长路径。例如，若结点属于最长路径，则将该结点的 tag 域置 1，否则为 0。

下面仅以输出所求得的最长路径为例，给出搜索最长路径的算法，该算法的递归设计思路如下：

(1) 若二叉树为空，输出空序列，算法结束；

(2) 否则，输出根结点元素值，并求根结点的左右子树的深度，继续执行第(3)步；

(3) 根据第(2)步求得的左右子树深度，选择深度大的一棵子树，从其根结点开始求最长路径。

假设树中结点的元素值为字符型，即前述抽象数据类型 ElemType 为 char 类型，则该递归算法基于二叉链表存储结构 BTree 上的 C 语言描述如下：

```
void SearchLongestPath_1 (BTree root){
    int hl,hr;          // 分别表示根结点左右子树的深度
    if(!root)    printf("%c",'\0') ;        // 树空则输出空串
    else {
        printf("%c",root->data) ; // 输出根结点元素值
        hl = PostTreeDepth(root->LeftChild);
        hr = PostTreeDepth(root->RightChild);
        // 调用求树的深度的算法求根结点左右子树深度
```

```
        root = hl >= hr?root->LeftChild:root->RightChild;
        SearchLongestPath_1(root);
    }//End_if
}//End_SearchLongestPath_1
```

4. 结语

二叉树的遍历是基于求解二叉树深度的算法，设计实现搜索二叉树中最长路径算法的基础。

在搜索二叉树中的最长路径过程中，依次访问从根结点开始到达树的最大层次的某个结点，算法的执行时间同树的深度密切相关。求解二叉树深度的过程涉及对二叉树的后序遍历，从而算法的递归调用次数同树中结点的个数相关。

4.4.5 搜索二叉树中最长路径算法的非递归模拟

在问题的求解方法具有递归特征时，采用递归技术具有较高的开发效率，所设计的程序具有良好的可读性和可维护性，但递归算法的时间复杂度较高，实用性较差。下面以搜索二叉树中最长路径的递归算法为例，分析对该算法进行递归消解的具体方法。

1. 递归过程的实现

递归函数的运行过程类似于多个函数的嵌套调用，只是主调函数和被调函数是同一个函数，因此，和每次调用相关的一个重要的概念是递归函数运行的"层次"。

递归进层 (i → i+1 层) 系统需要做三件事：

（1）保留本层参数与返回地址（将所有的实参、返回地址等信息传递给被调用函数保存）；

（2）给下层参数赋值（为被调用函数的局部变量分配存储区）；

（3）将程序转移到被调用函数的入口。

而从被调用函数返回调用函数之前，递归退层 (i+1 → i 层) 系统也要做三件事：

（1）保存被调用函数的计算结果；

（2）恢复上层参数（释放被调用函数的数据区）；

（3）根据被调用函数保存的返回地址，将控制转移回调用函数。

递归函数的调用和返回过程满足"后调用先返回"的原则，因此支持递归的程序设计语言系统其递归函数的数据区应设计成堆栈形式。

2. 递归消解

递归消解的方法根据递归算法中递归调用语句的结构及其所处位置的不同可分为两大类：一类是简单递归问题的递归消解方法，另一类是复杂递归问题的递归消解。

尾递归和单向递归都属于简单递归。尾递归指递归调用语句只有一条且位于算法结尾（比如求 n! 的递归算法）；单向递归指递归调用语句只和上层的主调函数有关，相互间参数无关，并且这些递归调用语句也和尾递归一样位于算法结尾（比如计算 Fibonacci 数列的递归算法）。这类递归形式的算法可转化成直线型的规律重复问题，即利用循环结构算法实现递归向非递归算法的转化。

复杂递归问题的递归消解可利用堆栈模拟实现。下面分析 4.4.4 小节中介绍的搜索二叉树中最长路径的递归算法的递归消解。

3. 求解二叉树深度算法的非递归模拟

求二叉树深度的递归算法是采用后序遍历过程实现的。在后序遍历二叉树的过程中，对一个结点的操作要两次经过该结点：第一次是由该结点找到其左孩子结点，遍历其左子树后返回该结点；第二次是由该结点找到其右孩子结点，遍历其右子树后再次返回该结点，最后"访问"该结点。因此，用非递归方法实现后序遍历求二叉树深度时，需要设置一个栈结构，用来保存指向所经历结点的指针。由于后序遍历二叉树时结点指针要进出栈各两次，第二次出栈后才进行结点的相关操作，因此需给进栈结点同时设置一个标志 flag，当 flag 为 1 时，代表结点第一次出栈，当 flag 为 2 时，代表结点第二次出栈，此时才执行该结点的"访问"操作。

算法中的辅助堆栈可定义如下：

```
typedef struct{
    struct{
        Node    *elem;
        int    flag;
    } Stack[MAX+1];
    int    top;
} SqStack;        // 顺序栈类型定义
```

设定栈顶为 0 表示空栈，则二叉树的层次应为栈顶可能达到的最大值，在算法执行过程中的结点第二次进栈时记录其所在层次即可。

则非递归模拟算法可用 C 语言描述如下：

```
int BTreeDepth(BTree root){
```

```
        int    sign,layer = 0;
        Node   *p = root;
        SqStack    S;
        InitiateStack_SQ(&S);              // 初始化空栈
        while(p != NULL || !StackEmpty_SQ(S)){
            if(p != NULL)
            {   Push(&S,p);            // 双亲结点第一次压栈
                S.Stack[S.top].flag = 1;      // 标记第一次出栈
                p = p->LeftChild;}          // 找结点的左孩子
            else
            {   sign = S.Stack[S.top].flag;
                Pop(&S,&p);      // 双亲结点退栈
                if (sign == 1)
                {   Push(&S,p);       // 双亲结点压栈
                    S.Stack[S.top].flag = 2;       // 标记二次进栈
                    // 记录栈顶最高位置作为最大层次
                    if(layer<S.top)       layer = S.top;
                    p = p->RightChild;   }
                else     // 第二次出栈
                    p = NULL;
            }//End_if
        }//End_while
        return layer;
    }//End_BTreeDepth
```

4. 输出最长路径算法的递归消解

输出二叉树中最长路径的递归算法属于尾递归的简单递归算法，因此可以利用循环结构消解递归。其非递归模拟算法可用 C 语言描述如下：

```
void SearchLongestPath_2(BTree   root){
    int hl,hr;
    Node *p = root;
    while(p != NULL){
        printf("%c", p->data)；// 输出最长路径中的结点
```

hl = BinaryTreeDepth(p->LeftChild);

hr = BinaryTreeDepth(p->RightChild);

p = hl>=hr?p->LeftChild:p->RightChild;

}//End_while

}//End_SearchLongestPath_2

5. 递归消解前后算法的时间复杂度对比

(1) 递归算法时间复杂度

递归算法的函数体中不存在循环语句，但某次递归调用计算出的结果没有保存，下一次用到时还需要重新递归计算，这就导致递归函数的时间复杂度实际取决于递归函数自身调用的次数。

PostTreeDepth 函数求二叉树的深度，不失一般性，可根据图 4.7 所示二叉树存储结构分析其调用次数。

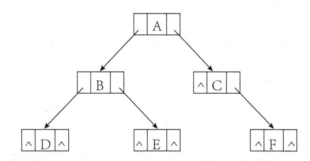

图 4.7　PostTreeDepth 函数递归调用对应的二叉树存储结构

从图中看出：首次调用从根结点 A 开始，if 语句条件为真，递归调用 A 的左孩子结点 B，同样 if 条件为真，继续递归调用 B 结点的左孩子结点 D，在调用 D 结点的左孩子结点时 if 语句条件为假，向上层调用 (结点 D 的调用) 返回 0 值，接着再对 D 结点的右孩子进行递归调用，同样 if 语句条件为假返回 0 值，从而结点 D 的调用返回 1 给其上层调用 (结点 B 的调用)，然后再对 B 结点的右孩子进行递归调用，……以此类推，该递归调用总次数实际是对应二叉树中结点以及空指针的总个数。有 n 个结点的二叉链表中有 n+1 个空指针，则递归调用总次数为 2n+1 次。

SearchLongestPath_1 函数输出二叉树中最长路径，需走一条从根结点开始到达二叉树最深层结点的路径，从而调用该函数的次数为二叉树的深度 (当树中有 n 个结点，即问题的规模为 n 时，则该函数的平均调用次数为 $\log_2 n$，最坏情况下为单枝二叉树形态，则树的深度为 n) 次。另外，在该函数体中包括两条调用 PostTreeDepth 函数的语句，执行过程为：SearchLongestPath_1 函数参数为根结点 A 时，分别将 A

的左孩子结点 B 和右孩子结点 C 作为两次调用 PostTreeDepth 函数的参数，其递归调用总次数为除去结点 A 后的其余结点及空指针的总个数 (2n)；当 SearchLongest-Path_1 函数的参数为结点 B 时，两次调用 PostTreeDepth 函数的参数分别分 B 的左孩子和右孩子，此时该函数的递归调用次数为 B 结点的子树中结点的总个数和空指针个数之和 (平均约 2n/2-1，最坏情况下为 2n-1 次)；这样依次类推，随着问题的规模 n 逐渐增大，算法的时间复杂度接近 n(2n+1)。

（2）非递归模拟算法的时间复杂度

BinarytreeDepth 函数体中包含一个 while 循环，其基本语句为 if-else 语句，该语句的语句频度函数即循环体的执行次数，因而算法的时间复杂度为树的深度 (平均情况下为 $\log_2 n$，最坏情况下为单枝二叉树形态，则树的深度为 n)。

SearchLongestPath_2 函数体中同样包含一个 while 循环，其循环体的执行次数也为树的深度，即平均情况下为 $\log_2 n$，最坏情况下为 n。循环体内两次调用函数 BinarytreeDepth，从而整个算法的平均时间复杂度接近 $(\log_2 n)^2$，最坏时间复杂度接近 n^2。

可见，非递归模拟实现搜索二叉树最长路径的算法比原递归算法的时间效率高。

4.4.6　二叉树形选择排序

第 2 章介绍过线性结构常见的排序算法，并对其中的简单选择排序算法进行了优化设计。选择排序的基本思想是：每一趟在 n-i+1 (i=1，2，…，n-1) 个记录中选取关键字最小的记录作为有序序列中第 i 个记录。在简单选择排序中，从 n 个记录中选择关键字最小的记录需要 n-1 次比较，在 n-1 个记录中选择关键字最小的记录需要 n-2 次比较……每次都没有利用前次的比较结果，因而比较操作的时间复杂度为 $O(n^2)$。要降低比较次数，则需要将比较过程中的大小关系保持下来。

国内《数据结构》的大多数资料文献中都没有关于树形选择排序算法的详细介绍，本书将重点分析二叉树形选择排序算法的设计思想，给出算法的 C 语言描述，并进行时间复杂度和空间复杂度的分析，总结同简单选择排序相比的优缺点，为传统简单选择排序算法的优化提供一定的理论依据。

1.算法设计思路

待排序的记录序列采用向量排序方式，存放在地址连续的一组存储单元中。待排记录类型采用第 2 章的定义类型 RecordType，以下均假定要求将各个记录关键字按照非递减有序进行排序。

二叉树形选择排序算法又称锦标赛排序法，其基本设计思想如下：

（1）把待排序的 n 个记录的关键字两两进行比较，决出较小者，若 n 为奇数，则最后一个记录单独被决出；

（2）对决出的所有较小记录进行步骤（1）的比较，决出每两个中的较小者；

（3）重复步骤（2）直至选出最小关键字记录为止。

该过程可用一棵由 n 个叶结点（待排序记录数）构成的二叉树表示，选出的最小关键字记录就是该树的根结点。参考文献 [3] 和 [4] 中关于该部分的描述，提到对应的选择树是一棵完全二叉树，但实际可能并非如此，比如当 $\lfloor n/2 \rfloor$ 为奇数时（如图 4.8 所示待排序记录数为 6），对应的二叉树显然不是一棵完全二叉树。

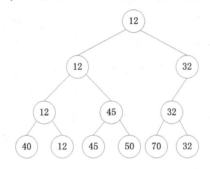

图 4.8　选出最小关键字过程对应的二叉树

二叉树形选择排序对应的选择二叉树不一定是一棵完全二叉树，但二者形态近似，因而其存储结构可以采用完全二叉树的顺序存储结构。根据完全二叉树性质 4 可知，当有 n 个待排序记录（叶子结点）时，树的深度至多为 $\lceil \log_2 n \rceil + 1$，从而所需存储单元至多和与之深度相同的满二叉树的结点个数（$2^{\lceil \log_2 n \rceil + 1} - 1$）相同。根据完全二叉树性质 2 可知，位于待排序记录结点之前的结点个数为 $2^{\lceil \log_2 n \rceil} - 1$ 个。为了符合完全二叉树的顺序存储定义，约定从编号为 1 的单元开始计数，初始化时可将待排序的记录存于第 $2^{\lceil \log_2 n \rceil}$ 号单元开始的连续 n 个单元中（注意此处 $2^{\lceil \log_2 n \rceil} \geq n$），之后每两条记录（第 i 和第 i+1 号记录，i $= 2^{\lceil \log_2 n \rceil} \sim 2^{\lceil \log_2 n \rceil} + n - 2$）比较决出的较小者，则根据完全二叉树的性质 5，存于两记录结点的双亲结点所在位置（$\lfloor i/2 \rfloor$）即可。

在输出最小关键字之后，为选出次最小关键字，参考文献 [3] 和 [4] 中介绍了如下步骤：

（1）将最小关键字记录所对应的叶子结点的关键字值置为 ∞；

（2）重新从置为 ∞ 的叶子结点开始比较，依次修改从该结点到根结点路径上各结点的值，则根结点的值即为最小关键字记录（如图 4.9 所示）。

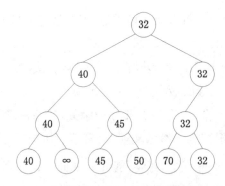

图 4.9　选出最小关键字过程对应的二叉树

实现上述过程首先需要定位最小关键字记录所在的叶子结点，这可通过将根结点的关键字值依次同各叶子结点关键字值进行比较来实现。找到最小关键字记录对应的叶子结点位置后，将其关键字置为 ∞，然后判断该叶子结点属于其双亲的左孩子还是右孩子，以决定将其同右邻或是左邻结点进行重新比较，从而修改其双亲结点的值；同样，根据其双亲结点 (序号大于 1) 是左孩子还是右孩子，决定将其同右邻或是左邻结点进行重新比较，从而修改双亲的双亲结点值……如此重复至根结点为止，则求得了次最小关键字记录。

每次从叶结点开始逐渐求出各个双亲结点直至根结点的过程结束后，根结点中即为最小关键字记录，在求解下一最小关键字之前，可将该记录先保存到已排序向量中，该向量的大小和待排序记录数相同即可。

2. 算法的 C 语言描述

假定待排序记录已事先存于向量 r 的第 $2^{\lceil \log_2 n \rceil} \sim 2^{\lceil \log_2 n \rceil} + n - 1$ 下标处，则基于定义类型 RecordType 的二叉树形选择排序算法的 C 语言描述为：

```
// 求最小关键字记录
void FindMinimum(RecordType  r[], int n){   //n 为待排序记录数
    int i,j,m,h;
    h = Intlog2(n) +1;     //h 为树的深度，Intlog2(n) 为 ⌈log₂ n⌉
    m = (int) pow(2,h-1);   //m 为待排序记录的存储起点 pow() 函数求 2^⌈log₂ n⌉
    while(m>1){
        for(i=m; i<m+n-1; i+=2){
            j = i/2;
            r[j] = r[i].key<=r[i+1].key?r[i]:r[i+1];
        }//End_for
```

```
        if(i == m+n-1)    r[i/2]=r[i];        //n 为奇数
        n = n%2? n/2+1: n/2;
        m/=2;
    }//End_while
}//End_FindMinimum
// 求其余记录中的最小关键字记录
#define   INFINITY   32767
void   FindNextMinimum(RecordType r[],int n){
    int i,m,h;
    h = Intlog2(n) +1;            //h 和 Intlog2(n) 定义同前
    m = (int) pow(2,h-1);         //m 和 pow() 定义同前
    for (i=m; i<=m+n-1&&r[i].key!=r[1].key; i++);      // 定位最小值
    r[i].key=INFINITY;
    while(i>1){
        if((i-m+1)%2)          //r[i] 是左孩子
            if(i==m+n-1||r[i].key<=r[i+1].key)
                r[i/2]=r[i];      //r[i] 是该层尾结点或者其关键字值小于等于
                                  其右兄弟
            else   r[i/2]=r[i+1];
        else
            if(r[i].key<=r[i-1].key)     r[i/2]=r[i];
            else   r[i/2]=r[i-1];
        i/=2;   n=n%2?n/2+1:n/2;   m/=2;
    }//End_while
}//End_FindNextMinimum
```

3. 算法测试与评价

为验证函数 FindMinimum 和 FindNextMinimum 的正确性，另外补充了对数函数 Intlog2、初始化函数 Initialization、记录关键字输出函数 Print 和主调函数 main，以便能在 Visual C++ 6.0 环境下进行运行测试。其中，对数函数 Intlog2 求以 2 为底的对数，其结果为该对数的上取整值；初始化函数 Initialization 完成将待排序记录存于向量 r 的第 m~m+n-1 下标处，输出函数 Print() 将 1~n 号下标单元的各记录关键字按顺序输出；主调函数 main 中包含记录向量的初始化、调用 FindMinimum 函数、

循环调用 FindNextMinimum 函数以及排序后记录关键字输出等操作，其中循环调用 FindNextMinimum 函数的语句段如下：

```
for (i=1;i<n;i++){
    rs[i]=r[1];
    FindNextMinimum(r,n);
        ...
}
```

同时，为简化输入输出，程序中设定 KeyType 为 int 类型，RecordType 只保留关键字成员 key，且设 ∞ 为 32767。图 4.10 所示为算法的 C 语言程序在 VC++ 6.0 环境下的某次运行结果。

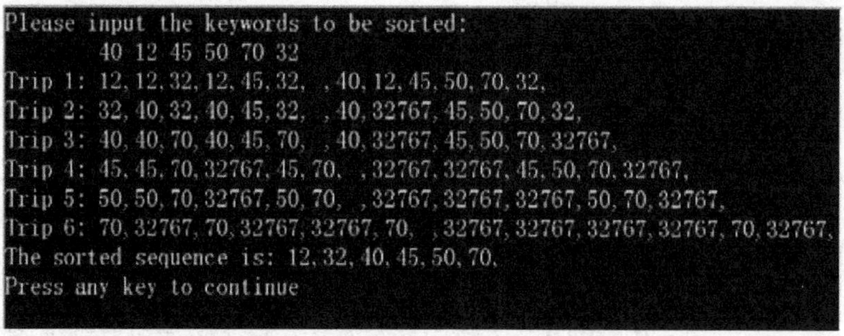

图 4.10　二叉树形选择排序算法在 VC++ 6.0 环境下的运行结果示例

从二叉树形选择排序算法的 C 语言描述中可以看出，函数 FindMinimum 的核心语句由 while 和 for 嵌套双重循环部分组成，外层 while 循环执行次数对应树的深度，即 $\lceil \log_2 n \rceil + 1$，for 循环执行次数为 n/2，取决于待排序记录的个数 n(问题的规模)，因此循环体基本语句的执行次数为 n($\lceil \log_2 n \rceil$+1)/2 次，从而算法的平均时间复杂度为 T(n)=O($n \log_2 n$)。该函数在空间上除了待排序记录元素本身所占的向量空间外，还增加了一倍的辅助向量空间且引入了四个变量 i、j、m 和 h，因此其空间复杂度为线性阶，即 S(n)=O(n)。

函数 FindNextMinimum 的核心语句由顺序执行的 for 循环和 while 循环组成。for 循环实现定位最小关键字，比较次数为 n 次；while 循环实现将最小关键字置为 ∞ 后重新修改各层的双亲结点，循环体基本语句的执行次数为 $\lceil \log_2 n \rceil$ 次，因此函数体基本语句的执行总次数接近 n+ $\log_2 n$ 次。由于该函数的调用嵌套在主调函数 main 中的 for 循环内，且被调用次数为 n 次，则函数体基本语句的执行次数为 n (n+ $\log_2 n$) 次，从而算法的平均时间复杂度为 T(n)=O(n²+ $n \log_2 n$)=O(n²)。同样该函数也增加了一倍的辅助向量空间且引入了变量 i、m 和 h，因此其空间复杂度也为线性阶，即 S(n)=O(n)。

4. 结论

经过对二叉树形选择排序算法进行时间复杂度和空间复杂度分析，可以得出结论：同简单选择排序算法相比，二叉树形选择排序算法除了占用较多的辅助空间使得空间复杂度升高外，在重新选择次小关键字过程中，还需要定位最小关键字记录的位置，从而在时间效率方面几乎同简单选择排序算法相同。可见，参考文献 [3] 和 [4] 中在分析树形选择排序算法时间复杂度时忽略了这一点。

4.4.7　三叉树的特定算法分析

三叉树是树的一种特定结构，即树的度为 3。下面通过分析三叉树的数据结构，以解决问题的方法为导向，分析设计求解三叉树中各个结点的子孙数目的算法。

1. 三叉树问题描述

待求解问题描述如下：

已知三叉树 T 采用一种特殊的三叉链表存储结构，其每个结点均有四个域：LeftChild、MidChild、RightChild 和 DescNum，其中 LeftChild、MidChild 和 RightChild 分别为指向其左孩子、中间孩子和右孩子结点的指针；DescNum 是非负整数，表示该结点的子孙数目，初始状态所有结点的 DescNum 域中的值均为 0。现求该树的每个结点的子孙数目，并存入其 DescNum 域。

2. 数据结构定义

根据题意，三叉树所采用的三叉链表结点结构如图 4.11 所示。

DescNum	LeftChild	MidChild	RightChild

图 4.11　三叉链表结点结构

结点类型定义可用 C 语言描述如下：

```
typedef struct TriNode{
    unsigned    DescNum;
    struct TriNode    *LeftChild,*MidChild,*RightChild;
} TriNode,*TripleTree;
```

下面给出基于 TripleTree 存储类型的三叉树的算法分析过程。

3. 算法设计思想

将三叉树想象成一棵倒置的树，根结点位于第一层，则树中某个结点的子孙指的是该结点的子树中的所有结点。

统计三叉树中各个结点的子孙结点数目的算法，可通过对三叉树进行先序遍历的过程实现。三叉树的先序遍历过程可描述如下：

(1)若三叉树为空，则算法结束返回；

(2)否则，按以下步骤访问树中结点：

　　① 访问根结点；

　　② 若根结点的左孩子非空，则先序遍历根结点的左子树；

　　③ 若根结点的中孩子非空，则先序遍历根结点的中子树；

　　④ 若根结点的右孩子非空，则先序遍历根结点的右子树。

结合上述先序遍历过程统计三叉树中结点子孙数目的算法设计思想如下：

算法的执行首先从三叉树的根结点开始，若根结点为空，则算法结束；否则，判断根结点是否存在左孩子，是，则将根结点的 DescNum 域增 1，然后从左孩子结点开始，将左子树作为新的三叉树，统计左子树中各结点的子孙数目，并用同样的方法修改左子树根结点的 DescNum 域；用同样的方法依次判断原三叉树根结点的中子树和右子树，并修改根结点的 DescNum 域值；最后，根结点的子孙数目等于修改后的值同其三个孩子结点的 DescNum 域值之和。

4. 算法的执行步骤

(1)若三叉树为空，则算法结束返回；

(2)否则，执行以下各步：

　　① 若根结点的左子树非空，则将根结点的 DescNum 域增 1，然后从该结点开始，递归执行先序遍历求子孙数目的过程；

　　② 若根结点的中子树非空，则将根结点的 DescNum 域增 1，然后从该结点开始，递归执行先序遍历求子孙数目的过程；

　　③ 若根结点的右子树非空，则将根结点的 DescNum 域增 1，然后从该结点开始，递归执行先序遍历求子孙数目的过程；

　　④ 根结点 DescNum 域值累加其左、中、右孩子结点的 DescNum 域值。

5. 算法的 C 语言描述

设三叉树采用前述三叉链表存储结构 TripleTree，并通过根结点指针指向。该算法的递归思路可用 C 语言描述如下：

```
void NumberofChildren(TripleTree  *root){
    if(!*root) return;        // 树空则返回
    // 分别对左子树、中子树和右子树进行统计
    if((*root)->LeftChild)
    {   NumberofChildren(&((*root)->LeftChild));
        (*root)->DescNum++;   }
    if((*root)->MidChild)
    {   NumberofChildren(&((*root)->MidChild));
        (*root)->DescNum++;   }
    if((*root)->RightChild)
    {   NumberofChildren(&((*root)->RightChild));
        (*root)->DescNum++;   }
    // 根结点 DescNum 值进行累加
    (*root)->DescNum +=(*root)->LeftChild->DescNum;
    (*root)->DescNum +=(*root)->MidChild->DescNum;
    (*root)->DescNum +=(*root)->RightChild->DescNum;
}//End_NumberofChildren
```

6. 算法性能评价

该算法设计采用递归函数 NumberofChildren 实现。首次调用从初始三叉树 root 开始，若 root 为空，则算法结束并返回；否则，若 root 所指根结点有左孩子，则将 root 结点的 DescNum 域增 1 后，对 root 的左孩子递归调用 NumberofChildren 函数。对 root 结点的中孩子和右孩子进行同样的递归调用操作。显然，该函数体中包括三条递归调用语句，递归调用的总次数实际是树中结点以及空指针的总个数。有 n 个结点的三叉链表中共有指针 3n 个，其中空指针的个数为 $n_0 = 2n+1$，则递归调用总次数为 3n+1 次。将树中结点的个数 n 看作问题的规模，则随着问题的规模 n 逐渐增大，算法的时间复杂度约为 $T(n)=O(3n)$。

NumberofChildren 函数在空间上除了函数本身和三叉树结点所占空间外，没有引入其他辅助空间，从而算法的空间复杂度为常数阶，即 $S(n)=O(1)$。

第5章 图结构

图结构是一种比线性表和树更为复杂的非线性数据结构，应用极为广泛，已渗入诸如语言学、逻辑学、物理、化学、电信工程、计算机科学以及数学的其他分支中。在线性表中，数据元素之间仅有线性关系，数据元素之间是一对一的关系；在树结构中，数据元素之间是一对多的层次关系；而在图结构中，数据元素之间是多对多的关系。本部分内容主要应用图论的知识讨论如何在计算机上实现图的存储结构和相关操作。

5.1 图的逻辑结构

图结构的数据对象集合中，任意两个数据元素之间都可能相关，元素之间是多对多 (m:n) 的关系。

图逻辑结构的抽象数据类型三元组 ADT Graph = (V, VR, P) 通常定义如下：

ADT Graph {

数据对象：V = { $v_i | v_i \in D_0$, i=1,2,$\cdots$,n, n $\geq$ 0, D_0 为某一具有相同特性的数据元素的集合 }

数据关系：VR = {$\langle v, w \rangle$ | v,w $\in$ V 且 P(v,w), $\langle v, w \rangle$ 表示从 v 到 w 的弧，谓词 P(v,w) 定义了弧 $\langle v, w \rangle$ 上的信息 }

P 集合中的基本操作：

CreateGraph(&G, V, VR)

操作前提：V 是图的顶点集，VR 是图中弧的集合。

操作结果：按 V 和 VR 的定义构造图 G。

FreeTree(&G)

操作前提：图 G 已存在。

操作结果：释放图 G 所占空间。

LocateVex(G, u)

操作前提：图 G 已存在，u 和 G 中顶点有相同特性。

操作结果：若 G 中存在顶点 u，则返回该顶点在图中的位置，否则返回其他信息。

GetVex(G, v)

操作前提：图 G 已存在，v 是 G 中某个顶点。

操作结果：返回顶点 v 的值。

PutVex(&G, v, value)

操作前提：图 G 已存在，v 是 G 中某个顶点。

操作结果：对顶点 v 赋值 value。

FirstAdjVex(G, v)

操作前提：图 G 已存在，v 是 G 中某个顶点。

操作结果：返回顶点 v 的第一个邻接顶点。若顶点在 G 中没有
邻接顶点，则返回"空"。

NextAdjVex(G, v, w)

操作前提：图 G 已存在，v 是 G 中某个顶点，w 是 v 的邻接顶点。

操作结果：返回顶点 v(相对于顶点 w) 的下一个邻接顶点。若顶
点 w 是 v 的最后一个邻接点，则返回"空"。

InsertVex(&G, v)

操作前提：图 G 已存在，v 和 G 中顶点有相同特性。

操作结果：在图 G 中增加新顶点 v。

DeleteVex(&G, v)

操作前提：图 G 已存在，v 是 G 中的顶点。

操作结果：删除图 G 中的顶点 v 及其相关的弧。

InsertArc(&G, v, w)

操作前提：图 G 已存在，v 和 w 是 G 中的两个顶点。

操作结果：在图 G 中增加弧 ⟨v, w⟩，若图 G 为无向图，则同时增
加对称弧 ⟨w, v⟩。

Delete Arc(&G, v, w)

操作前提：图 G 已存在，v 和 w 是 G 中的两个顶点。

操作结果：在图 G 中删除弧 ⟨v, w⟩，若图 G 为无向图，则同时删
除对称弧 ⟨w, v⟩。

} ADT Graph

在图的逻辑结构形式化定义中，若有 ⟨x, y⟩ ∈ VR，则 ⟨x, y⟩ 表示从起点 x 到
终点 y 的一条弧，此时，称该图为有向图。若有 ⟨x, y⟩ ∈ VR，则必有对称关系 ⟨y,
x⟩ ∈ VR，此时，则以无序对 (x, y) 来代替这两个有序对，表示顶点 x 和顶点 y 之
间有条边，该图即称为无向图。

在图 G = (V,{ E }) 中，若顶点 x 到顶点 y 有路径，则称 x 和 y 是连通的。当 x
和 y 相同时，构成的路径称为环 (回路)。如果对于图中任意两个顶点 v_i，v_j ∈ V，v_i
和 v_j 都是连通的，则称 G 是连通图。

5.2　图的存储结构

由于图的结构比较复杂，任意两个顶点之间都可能存在联系，因此无法以数据元素在存储区中的物理位置来表示元素之间的逻辑关系，也就是说，图不能采用顺序映象的存储结构，但可以借助数组的数据存储类型来表示元素之间的关系。另一方面，可以通过由一个数据域和多个指针域组成的结点表示图中的一个顶点（其中数据域用于存储该顶点的信息，指针域用于存储指向其邻接点的指针），由多个顶点构成的多重链表来表示图。这仍然存在一个问题：由于图中各顶点的度不同，最小度数和最大度数可能相差较大，若按顶点的最大度数设计链表的指针域，则会造成存储单元的浪费，若按度最大的顶点设计结点结构，则会降低结点空间的利用率；反之，若按顶点各自的度设计结点的结构，又会带来操作上的不便。因此，和树类似，在实际应用中应根据图的特点和需要进行的操作，设计恰当的结点结构和表结构。常用的图的存储结构包括邻接矩阵、邻接表、十字链表、邻接多重表和边集数组等。

5.2.1　邻接矩阵（数组表示法）

邻接矩阵表示法也称数组表示法，是图的顺序存储，它用一个一维数组存储数据元素（顶点）的信息，一个二维数组（称为邻接矩阵）存储数据元素间关系（边或弧）的信息。该结构容易判断图中两个顶点是否相关，易于实现求图中各顶点的度的算法。特别是对于无向图来说，其邻接矩阵是对称矩阵，此时可以采用只存储其上三角或下三角的压缩存储方式来进行存储，以节约存储空间。该存储结构的缺点是不适用于存储顶点多而边较少的图。

1. 邻接矩阵的形式化定义

一个具有 n 个顶点的图 G，其邻接矩阵 A 为 $n \times n$ 的方阵，公式（5-1）给出其形式化定义如下：

$$A[i,j] = \begin{cases} 1 \text{ 或 } w_{ij} & <v_i,v_j> \text{ 或 }(v_i,v_j) \in VR \\ 0 & v_i = v_j \\ \infty & \text{反之} \end{cases} \quad (5-1)$$

其中：VR 为顶点间关系的集合。当 G 为无权图时，连接两个顶点 v_i 和 v_j 的边或弧在矩阵中所对应的行列交叉点处取值为 1；当 G 为带权图时取值为该边或弧上的权值 w_{ij}。

2. 邻接矩阵的压缩存储

由于无向图 G 的邻接矩阵为对称方阵，要删除一条边或将一条边记录为已被访问或删除，需要在该边依附的两个邻接点所在的行同时进行操作。这显然存在重复操作，因此，可考虑对 G 的邻接矩阵进行压缩存储，例如只存储 G 的邻接矩阵的下三角 $(i \geqslant j)$，将 n^2 个元压缩存储到 $n(n+1)/2$ 个元的空间中。

假设以一维数组 SA[n(n+1)/2] 作为 G 的邻接矩阵存储结构，则 SA[k] 和矩阵元 A[i,j] 之间存在公式 (5-2) 所给对应关系。

$$k = \begin{cases} i(i-1)/2+j-1 & i \geqslant j \\ j(j-1)/2+i-1 & i < j \end{cases} \tag{5-2}$$

这样，对于任意给定的一组下标 (i,j)，均可在 SA 中找到矩阵元 A[i,j]；反之，对所有的 $k = 0,1,2,\cdots,n(n+1)/2-1$，都能确定 SA[k] 中的元在矩阵中的对应位置 (i,j)。

3. 邻接矩阵存储结构的 C 语言描述

图的压缩存储的邻接矩阵存储结构可用 C 语言描述如下：

```
#define   MAX_VER   100      //最大顶点个数
typedef struct ArcNode {
    int    adj;         //取值为 1 或 0
    InfoType    info;   //边上的其他信息
} ArcNode;
typedef struct{
    VerType    vexs[MAX_VER];        //顶点向量
    ArcNode    arcs[MAX_VER (MAX_VER+1)/2];        //压缩存储的邻接矩阵
    int    vexnum, arcnum;   //图中的顶点数和边数
} MatrixGraph;
```

5.2.2　邻接表

邻接表是图的一种链式存储结构。图的邻接表将各顶点顺序存储，为每个顶点建立一个单链表，第 i 个单链表中的结点表示依附于顶点 v_i 的边（对有向图是从顶点 v_i 出发的弧），通过顶点结点中的指针域指向边结点单链表。

图的邻接表存储结构对顶点的顺序存储，便于实现访问任意顶点的相关边的算法，因而易于实现求图中各顶点的度的算法。存储无向图时，边结点会同时出现在两个邻接顶点各自指向的单链表中，造成空间的冗余，同时也对无向图的诸如对已

被搜索过的边作标记，或增加和删除边的操作实现带来不便；存储有向图时，某个顶点指向的单链表中的各边结点都是以该顶点为弧尾的弧，因而求顶点的出度算法易于实现，而求顶点入度的算法则需要遍历全部单链表中的边结点，此时仍需要借助逆邻接表存储结构来实现。

5.2.3　十字链表

同邻接表一样，十字链表也采用顺序结构存储各顶点，不同的是，顶点结点中包含两个指针域，分别指向弧头相同的弧结点和弧尾相同的弧结点，所有弧结点结构中也通过两个链域分别连接弧头相同的弧结点和弧尾相同的弧结点，因而各自组成同一弧头顶点指向的单链表和同一弧尾顶点指向的单链表。十字链表可以看成将有向图的邻接表和逆邻接表结合起来得到的一种链式存储结构，专为存储有向图设计，不适用于存储无向图。十字链表存储结构无须同时设计有向图的邻接表和逆邻接表，但较多的指针域仍然容易造成涉及频繁修改弧之类的算法操作的复杂度提升。

5.2.4　邻接多重表

邻接多重表是无向图的另一种链式存储结构。在邻接多重表中，边结点结构类似有向图的十字链表存储结构，唯一的边结点同时作为顶点 v_i 的 ilink 和顶点 v_j 的 jlink 两个指针所指向的单链表中的结点，从而消除了无向图的边结点冗余存储，但相应增加的指针域也使得涉及对边结点单链表进行遍历之类的算法操作复杂度增大。

在邻接多重表结构中，每个边结点由六个域组成，其结点结构如图 5.1 所示。

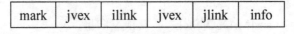

| mark | jvex | ilink | jvex | jlink | info |

图 5.1　邻接多重表中边结点的结构

其中，mark 域用于标记该边是否被访问过；ivex 和 jvex 为该边依附的两个邻接点在顶点向量中的位置；ilink 指向 ivex 顶点的下一条相关边；jlink 指向下一条依附于顶点 jvex 的边；数据域 info 存储与边或弧相关的信息，如权值等。

图中的顶点结构如图 5.2 所示。

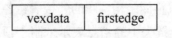

| vexdata | firstedge |

图 5.2　邻接多重表中顶点结点的结构

其中，vexdata 域存储顶点名或其他有关信息；firstedge 域指示第一条依附于该顶点的边。表头结点以顺序存储结构形式存储，以便随机访问任一顶点的链表。

5.2.5 边集数组

边集数组是带权图的另一种存储结构，在表示带权图时，列出每条边的起、止顶点以及依附于这两个顶点上的边的权值。该存储结构适用于一些以边为主的操作，可用于有向或无向图。

5.3 图的特定操作实现

限于篇幅，图的相关基本操作的算法分析与设计留待以后扩充，这里只针对图的一种特定操作进行详细分析与设计。

5.3.1 消除无向连通图中冗余边

消除无向连通图中构成环路的冗余边的操作问题描述如下：

对于任意一个无向连通图 G = (V,{ E })，G 中可能含有环，要求编写算法实现删除 G 中的某些冗余边，使得 G 中不含环。

算法要求：删除的边数必须最少。

1. 方案设计

该算法要求尽可能少地删除无向连通图 G 中构成环路的冗余边，其结果将得到 G 的一棵生成树，因而可根据求解图的生成树的思路给出以下两种设计思路：

思路一，通过对 G 进行深度优先搜索遍历或广度优先搜索遍历，在遍历过程中记录下已访问的各边，从而由被访问的边构成 G 的一棵生成树，然后将 G 中未被记录的边（即不属于生成树中的边）删除。

思路二，通过类似求解图的最小生成树的 Prim 算法或 Kruskal 算法的过程来设计实现该算法。

由于所讨论的问题中并未说明图 G 是否为带权图，且需要进行的操作只是删除某些冗余边，而未指明待删边的权值相关性，因此，可将其视为针对非带权无向连通图的操作。因此，图的存储结构选用邻接矩阵或邻接多重表。

2. 思路分析

下面分别对前述两种设计思路进行分析。

（1）思路一设计分析

若 G 采用邻接矩阵存储结构，在进行遍历的过程中，记录已访问各边的操作可通过以下两种方法实现：

① 借助辅助边结点数组

对 G 中的边另设一个辅助一维数组，其中的每个边结点数组元采用如图 5.3 所示的结点结构。

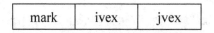

| mark | ivex | jvex |

图 5.3　辅助数组中边结点的结构

边结点中，mark 域用于标记一条边是否已被访问，初始为 0，一旦该边被访问，即将 mark 域置 1。ivex 和 jvex 为该边依附的两个顶点在图中的位置，用于标识该边。

该方法存在的问题是：若 G 采用邻接矩阵存储结构，则在遍历过程中无法同时对应辅助数组中的边结点数组元，重新在辅助数组中定位边结点，使得算法的时间效率降低；另外，由于辅助数组的引入，算法的空间复杂度也有所提高。

② 采用改进的邻接矩阵存储结构

给 G 的邻接矩阵的矩阵元增加一个 mark 域，初始值均为 0。在遍历过程中，一旦某条边被访问，即将该边对应的矩阵元的 mark 域置 1。

显然，无论从时间效率还是从空间效率方面考虑，第二种方法都更适用。在求得 G 的生成树后，将其余没有被标记的边从 G 中删除即可。

若 G 采用邻接多重表存储结构，则由于其边结点中本身包含 mark 域，因此可直接通过该域进行标记。

（2）思路二设计分析

Prim 算法可称之为"加点法"，初始状态 G 的生成树 GT 的顶点集 VT 中只含起点，边集 TE 为空。随后，从 G 的顶点集 VG 中选择同 VT 中的顶点相关，但不属于 VT 的点加入 VT，同时将邻接点的相关边也加进 TE。该过程一直重复到生成树的顶点集 VT 和 G 的顶点集 VG 相等时算法结束。

Kruskal 算法可称之为"加边法"，初始生成树的顶点集中包含 G 中全部顶点，且各自构成独立子集，边集为空。随后不断从 G 的边集中选取其两个邻接点属于不同子集中的边，添加到生成树的边集中，然后将两个邻接点所在的子集合并。重复该过程直到生成树的顶点集中只有一个子集或边集中有 n-1 条边时算法结束。

这两种算法均是求解带权图的最小生成树，因此在选取符合条件的边时，是按照边的权值非递减的顺序进行的。需要注意的是：此处分析的算法设计方案只针对非带权无向图，因此可采用这两种算法的思路，但在选取边时，则可根据不同存储结构，按照从前向后的顺序进行。

下面分析基于邻接矩阵存储结构，且采用思路二中类似 Prim 算法求解图的生成树的算法实现过程。

3. 算法设计与实现

（1）近似 Prim 算法

① 思路分析

Prim 算法通过在求解过程中记录下已选中的各边，并在求得 G 的生成树后，将 G 中未被记录的边（即不属于生成树中的边）删除。

Prim 算法求解的是带权图的最小生成树，因此在选取符合条件的边时，是按照边的权值非递减顺序进行的。此处在采用 Prim 算法的思路选取边时，根据邻接矩阵存储结构的特点，只需顺序选择 VT 中顶点的第一条未标记的相关边即可。这种近似 Prim 算法在顺序选择 VT 中顶点的各条未标记的相关边时，如何选择 VT 中作为起点的顶点，是需要首先考虑的问题。如果按照顶点序号次序进行选择，则在算法实现上增加了搜索确定起始顶点的时间耗费。因此，可采用广度优先搜索遍历的思路来实现。广度优先搜索遍历即从 G 中某个起始顶点出发，访问该顶点，然后依次访问该顶点的所有未被访问的邻接点，再根据各邻接点被访问的先后次序，分别从这些邻接点出发依次访问它们的邻接点，直到图中所有已被访问顶点的邻接点都被访问到为止。

② 算法的 C 语言描述

无向连通图 G 采用 MatrixGraph 存储类型，且 G 中有 n 个顶点 $v_1 \sim v_n$，分别存储在 vexs[0…n-1] 单元，其 arcs 数组的数组元均已初始化。为保证图中各顶点在遍历过程中仅被访问一次，可以通过设置一个全局的访问标志数组 visited[n] 来实现，其初始值均为 0。一旦顶点 v_i 被访问，则置 visited [i] 为 1。不失一般性，假设从顶点 v_i (vexs[i], i = 0~n-1) 出发构造 G 的生成树。由于 G 为非带权图，因此不必附设辅助数组 closedge(用以记录邻接点分别在 VT 和 VG-VT 的具有最小权值的边)。在得到 GT 后，将属于 EG 但不属于 TE 的边从 EG 中删除。算法的 C 语言描述为：

```
int visited[MAX_VER];          // 访问标志数组
void BreadthFirstSearch (MatrixGraph *G, int i){
    InitiateQueue_SQ (Q);
    visited[i]=1;
    EnterQueue_SQ (Q, i);
    while(!QueueEmpty_SQ (Q)){
```

```
            DeleteQueue_SQ (Q, k);
            for(j=0;j<G->vexnum;j++)
                if(!visited[j]&&G->arcs[k(k+1)/2+j].adj==1)
                {   G->arcs[k(k+1)/2+j].info=1;      // 记录被访问边
                    visited(j) =1;
                    EnterQueue_SQ (Q, j);    }
        }//End_while
    }//End_BreadthFirstSearch
    void DeleteRedundentEdge_1 (MatrixGraph *G){
        BreadthFirstSearch(G, 0);
        for (i=0;i<G->vexnum;i++)
            for (j=0;j<i;j++){
                k = i(i+1)/2+j;
                if (G->arcs[k].adj==1&&G->arcs[k].info==0)
                    G->arcs[k].adj=0;       // 删除未被记录的边
            }//End_for_j
    }//End_DeleteRedundentEdge_1
```

③算法性能评价

在前述算法函数 DeleteRedundentEdge_1 的函数体中包括两条基本语句：一是调用函数 BreadthFirstSearch，二是双重 for 循环。函数 BreadthFirstSearch 完成对 G 的广度优先搜索遍历，操作结束得到 G 的广度优先搜索生成树。双重 for 循环执行删除不属于生成树中的冗余边。采用邻接矩阵存储结构查找每个顶点的邻接点所需时间为 $O(n(n+1)/2)=O(n^2)$，其中 n 为图中的顶点数。双重 for 循环语句的循环体执行次数为 $O(n(n-1)/2)=O(n^2)$。将顶点数 n 看作问题的规模，则随着问题的规模 n 逐渐增大，算法的时间复杂度约为 $T(n)=O(n^2)$。

该算法除了函数本身和图 G 所占空间外，引入了一维数组 visited[MAX_VER] 的辅助空间，从而算法的空间复杂度为线性阶，即 $S(n)=O(n)$。

(2)深度优先搜索法

本方案通过对 G 进行深度优先搜索遍历，在遍历过程中记录下已访问的各边，从而由被访问的边构成 G 的一棵生成树，然后将 G 中未被记录的边（即不属于生成树中的边）删除。

①思路分析

对 G 进行深度优先搜索，可从 G 中某个起始顶点出发，访问该顶点，然后从该顶点的未被访问的邻接点出发，继续进行深度优先搜索，直到图中所有和起点有路径相通的顶点都被访问到为止。在对 G 进行深度优先搜索遍历过程中，记录已访问各边的操作，可通过以下两种方法实现：

• 借助辅助边结点数组

该方法和思路一的分析一样，存在两个问题：遍历时无法同时对应辅助数组的边结点数组元，需要在辅助数组中进行定位，因而降低了算法的时间效率；另外，辅助数组的引入降低了算法的空间利用率。

• 有效利用邻接矩阵存储结构

将 G 的邻接矩阵的矩阵元类型 ArcNode 中的 info 成员用于标记一条边是否已被访问，初始值均为 0。在遍历过程中，一旦某条边被访问，即将该边对应的矩阵元的 info 域置 1。

显然，无论从时间效率还是从空间效率方面考虑，第二种方法都更适用。

在求得 G 的生成树后，将其余没有被标记的边从 G 中删除的过程，只需将那些 info 成员为 0 的边的 adj 成员置为 0 即可。

② 算法的 C 语言描述

设无向连通图 G 采用前述 MatrixGraph 存储结构，且 G 中有 n 个顶点 $v_1 \sim v_n$，分别存储在 vexs[0…n-1] 单元，其 arcs 数组的数组元均已初始化。为保证图中各顶点在遍历过程中仅被访问一次，可以通过设置一个全局的访问标志数组 visited[n] 来实现，其初始值均为 0，一旦顶点 v_i 被访问，则置 visited[i] 为 1。不失一般性，假设从顶点 v_i (vexs[i], i = 0~n-1) 出发对 G 进行深度优先搜索遍历，则该算法可借助深度优先搜索遍历算法实现。其 C 语言描述如下：

```
int visited[MAX_VER];                // 访问标志数组
void DepthFirstSearch(MatrixGraph *G, int i){
    visit(G->vexs[i]);   visited[i]=1;
    for(j=0;j<G->vexnum;j++)
        if(!visited[j]&&G->arcs[i (i+1)/2+j].adj==1)
        {   G->arcs[i (i+1)/2+j].info=1;      // 记录被访问边
            DepthFirstSearch(G, j);   }
}//End_DepthFirstSearch
void DeleteRedundentEdge_2 (MatrixGraph *G){
    DepthFirstSearch(G, 0);
    for(i=0;i<G->vexnum;i++)
        for (j=0;j<i;j++){
```

```
                        k = i (i+1)/2+j;
                        if(G->arcs[k].adj == 1 && G->arcs[k].info == 0)
                            G->arcs[k].adj = 0;          // 删除未被记录的边
                }//End_for_j
        }//End_DeleteRedundentEdge_2
```

③ 算法性能评价

和近似 Prim 算法实现一样，函数 DeleteRedundentEdge_2 的函数体中也包括两条基本语句：一是调用递归函数 DepthFirstSearch，二是双重 for 循环语句。递归函数 DepthFirstSearch 完成对 G 的深度优先搜索遍历，遍历结束得到 G 的生成树。图的遍历过程实质上是对图中每个顶点查找其邻接点的过程。鉴于邻接矩阵存储结构查找每个顶点的邻接点所需时间为 $O(n(n+1)/2)=O(n^2)$，双重 for 循环语句的循环体执行次数为 $O(n(n-1)/2)=O(n^2)$，因此，该算法的时间复杂度和 DeleteRedundentEdge_1 一样，$T(n)=O(n^2)$。

该算法引入了一个一维数组 visited[MAX_VER] 的辅助空间，从而算法的空间复杂度也为线性阶 $S(n)=O(n)$。

后期展望

　　计算思维分析能力的培养需要坚持以问题解决为导向，运用基础知识和相关理论，将问题从抽象到具体，并在长期的练习中学习总结形成。本书既是作者前期研究的阶段性成果，又是奠定作者后期研究方向的一个指引。后期作者将除了继续对数据基本逻辑结构的相关算法进行更多的优化分析，还将结合更多前沿算法，并逐步将计算思维分析模式渗透应用到其中。希望本书能够成为数据结构与算法设计类计算机专业基础课程的教学参考，为教学设计提供有益的补充。

参考文献

[1] 严蔚敏，吴伟民.数据结构 [M].北京：清华大学出版社，2000.

[2] 耿国华.数据结构——用 C 语言描述 (第二版) [M].北京：高等教育出版社，2015.

[3] 王卫东.数据结构学习指导 [M].西安：西安电子科技大学出版社，2004，4.

[4] 王忠义.数据结构 [M].西安：西安交通大学出版社，2003.

[5] 龚舒群，任煜，陈卫卫.循环队列中的头尾指针设计.现代计算机 [J].2007，2 (253)：17-20.

[6] 仇德成.循环队列队空和队满的判定算法.电脑开发与应用 [J].2005，11：61.

[7] 杨辉三角——百度百科.http://baike.baidu.com/view/7804.htm[OL].

[8] 谭浩强.C 程序设计题解与上机指导 (第三版) [M].北京：清华大学出版社，2005.

[9] 冯洁，吴芳.探讨 C 语言中输出杨辉三角的教学方法.电脑知识与技术 [J].2007，13：113-115.

[10] 徐孝凯.数据结构简明教程 [M].北京：清华大学出版社，1995.

[11] 徐绪松.数据结构与算法导论 [M].北京：电子工业出版社，1996.

[12] 兰超.冒泡排序算法的优化.兵工自动化 [J].2006，25 (12)：50-52.

[13] 许善祥，高军，纪玉玲.冒泡排序算法的改进.黑龙江科技学院学报 [J]，2002，12 (1)：

[14] 王敏.改进的双向选择排序算法.信息技术 [J].2010，9：21-24.

[15] 梁文忠.一种基于直接选择排序算法的改进.广西师范学院学报 (自然科学版) [J].2004，21 (4)：93-96.

[16] 何洪英.两种排序算法的改进.绵阳师范学院学报 [J].2007，26 (11)：98-99.

[17] 江敏.双向选择排序算法.泰州职业技术学院学报 [J].2005，5 (1)：60-62.

[18] 张忆文，谭霁．简单选择排序算法的改进及分析．硅谷 [J]. 2009 (18)：77，94.

[19] 葛玮，刘斌．排序算法的比较、选择及其改进．江西广播电视大学学报 [J]，2008 (3)：75-77.

[20] 于春霞，代文征．二路选择排序探讨．黄河科技大学学报 [J]. 2009, 11 (6)：107-108.

[21] 吴光生，范德斌．排序算法研究．软件导刊 [J]. 2007 (7)：97-98.

[22] 李宝艳，马英红．排序算法研究．电脑知识与技术 [J]. 2007 (8)：424-425.

[23] 路梅，郭小荟．多插入排序算法族．徐州师范大学学报（自然科学版）[J]. 2003, 21 (2)：21-25.

[24] 王敏．基于压缩存储的稀疏矩阵转置算法研究．科学技术与工程 [J]. 2010, 10 (4)：1041-1044.

[25] 王敏．稀疏矩阵快速转置算法的分析与优化，计算机应用与软件 [J]. 2010, 27 (8)：72-74.

[26] 蒋川群，杜奕．稀疏矩阵相乘的一个改进算法．计算机工程与应用 [J]. 2009, 45 (19)：55-56.

[27] 秦体恒，李学相，安学庆．稀疏矩阵存储算法的探讨．河南机电高等专科学校学报 [J]. 2008, 16 (1)：91-92.

[28] 徐光联．三元组稀疏矩阵快速转置 C 语言算法．决策管理 [J]. 2008, 5 (9).

[29] 张复兴，孙甲霞．广义表在数据结构中的位置．河南科技学院学报（自然科学版）[J].2006, 34 (4)：103-104.

[30] 陈元春，张亮，王勇．实用数据结构基础 (第二版) [M]. 北京：中国铁道出版社 .2007: 120-124.

[31] 钟治初．广义表的头尾链表表示及算法的实现．信息技术 [J]. 2009, 6 (2)：157-158.

[32] 陈海山，吴芸．广义表的二叉链式存储表示及其算法设计．计算机工程与应用 [J].2005, 35 (4)：38-41.

[33] 崔进平，王聪华，郗正良．数据结构 (C 语言版) [M]. 北京：中国铁道出版社 .2008: 128-136.

[34] 王敏．广义表存储结构与算法设计分析．陕西：延安大学学报 [J]. 2010, 29 (2)：38-40.

[35] 张晓静．数据结构 [M]. 北京：海洋出版社，2004: 112-117.

[36] 严海洲，闫志远.二叉树的遍历及其应用实例.电脑知识与技术 [J]. 2003, 5: 44-47.

[37] 朱站立，刘天时.数据结构 —— 使用 C 语言（第二版）[M].西安交通大学出版社，1999，141.

[38] 朱涛.基于遍历二叉树的方法判断完全二叉树.红河学院学报 [J]. 2005, 3 (6)：47-48.

[39] 王敏.递归算法的时间效率分析.渭南师范学院学报 [J]. 2003, 18 (5)：61-62.

[40] 王敏，赵晓雷.基于遍历搜索二叉树中最长路径的算法研究.现代电子技术 [J]. 2010,4 (33)：54-55, 58.

[41] 陈朋.后序遍历二叉树的递归和非递归算法.安庆师范学院学报（自然科学版）[J].2005, 11 (2)：106-107.

[42] 刘洋.一种统一的二叉树结构遍历算法及其实现.赣南师范学院学报 [J]. 2004, 3: 10-13.

[43] 尹德辉，孟林，李忠.二叉树后序遍历的非递归化算法讨论.西南民族大学学报（自然科学版）[J].2003, 29 (5)：537-538.

[44] 徐凤生，李立群，马夕荣.二叉树遍历的通用非递归算法.福建电脑 [J]. 2006, 6: 121.

[45] 王敏.搜索二叉树中最长路径算法的非递归模拟.科学技术与工程 [J]. 2010, 10 (6)：1535-1538.

[46] 王敏，杨秀香，李云飞.基于邻接矩阵的近似 Prim 算法解决无向图特定问题.渭南师范学院学报 [J].2015, 30 (22)：35-38.

[47] 江涛.数据结构 [M].北京：中央广播电视大学出版社，1995.

[48] 王昆仑，李红.数据结构与算法 [M].北京：中国铁道出版社，2007.

[49] 计算思维——360 百科.https://baike.so.com/doc/3092926-3260084.html[OL].

[50] 王敏，张郭军，索红军.输出杨辉三角算法的设计与分析 [A]. Mark Zhou. 2011 Second ETP/IITA Conference on Telecommunication and Information, Phuket, Thailand, April 2011[C].Hong Kong: Engineering Technology Press, 2011: 6-9.

[51] Wang Min. Analysis on Bubble Sort Algorithm Optimization[A].Zhou Qihai. 2010 International Forum on Information Technology and Applications, Kunming, China, July 2010[C]. United States of America: IEEE Computer Society,

2010: 208-211.

[52]   Wang Min. Analysis on 2-Element Insertion Sort Algorithm[A].Wang Jinkuan , Wang. Bin International Conference on Computer Design and Applications, Qinhuangdao, Hebei, China, June 2010[C]. Chengdu, China: Institute of Electrical and Electronics Engineers, Inc.2010: 143-145.

[53]   Min Wang. The Recursive Algorithm of Converting the Forest into the Corresponding Binary Tree[A]. Gang Shen, Xiong Huang. International Conference on Computer Science and Information Engineering, Zhengzhou, China, May 2011 [C]. Springer Heidelberg Dordrecht London New York, 2011: 334-337.

[54]   Min Wang. The Recursive Transformation Algorithms between Forest and Binary Tree[A].Qihai Zhou. 2nd International Conference, Theoretical and Mathematical Foundations of Computer Science, Singapore, May 2011[C]. Springer Heidelberg Dordrecht London New York, 2011: 227-230.

[55]   Min Wang. The Application of Queue in Binary Tree Layer Order Traversal[A]. Ming Ma. International Conference on Mechanical, Industrial, and Manufacturing Engineering, Australia, Melbourne, January, 2011[C].Unite State, USA: Information Engineering Research Institute, 2010: 143-145.

[56]   Min Wang.Non-recursive Simulation on the Recursive Algorithm of Binary Tree Reverting to its Corresponding Forest in Intelligent Materials[A]. Helen Zhang and David Jin.International Conference on Mechanical Engineering, Industry and Manufacturing Engineering, Beijing, China, July 2011[C]. USA: Trans Tech Publications Inc., 2011: 222-225.

[57]   Wang Min, Li Yaolong. Optimization and Analysis on Binary Tree Selection Sort Algorithm[A]. Pure and Applied Mathematics Journal[C]. 2015, 4 (5-1) : 51-54.

[58]   .Wang Min , Li Yunfei Designing on a Special Algorithm of Triple Tree Based on the Analysis of Data Structure[A]. Song Lin, Xiong Huang. International Conference on Computer Education, Simulation and Modeling, Wuhan, China, June 2011[C]. Springer Heidelberg Dordrecht London New York, 2011: 423-427.

[59]   Min Wang, Li yaoLong The Implementation of a Specific Algorithm by Traversing the Graph Stored with Adjacency Matrix[A]. David Jin and Sally Lin. International Conference on Multimedia, Software Engineering and Comput-

ing, Wuhan, China, November 2011[C]. Springer Heidelberg Dordrecht London New York, 2011: 311-315.

[60] Jeannette M. Wing, Computational Thinking, Communications of ACM[J]. 2007, 49 (3)：33-35.

[61] Min Wang. Analysis on Realization of Sequential Queue[A]. Gang Shen, Xiong Huang. International Conference on Electronic Commerce, Web Application, and Communication 2011, Guangzhou, China, April 2011[C].Springer Heidelberg Dordrecht London New York, 2011: 241-246.